交通职业教育路桥类专业规划教材配套教材

Gongcheng Celiang Shixun Zhidaoshu

工程测量实训指导书

张保成　编著

人民交通出版社

内 容 提 要

本书是交通职业教育路桥类专业规划教材《工程测量》的配套教材。为便于教学使用，分两册装订。《工程测量实训指导书》内容包括：工程测量实训须知、课间实训指导、教学实训指导和工程测量实训答疑集锦。《工程测量实训报告》内容包括：工程测量课间实训报告与记录表格式，教学实训报告与记录表、计算表格式。

本书作为交通职业教育高职高专院校、中等职业学校、技工学校、职业高中路桥类专业教学用书，也可供交通职工、工程技术人员和测绘工作者学习参考。

图书在版编目（C I P）数据

工程测量实训指导书/张保成编著 .—北京：人民交通出版社，2007.6

ISBN 978-7-114-06448-7

Ⅰ.工… Ⅱ.张… Ⅲ.工程测量 Ⅳ.TB22

中国版本图书馆 CIP 数据核字（2007）第 033816 号

交通职业教育路桥类专业规划教材配套教材

书　　名： 工程测量实训指导书
著 作 者： 张保成
责任编辑： 袁　方
出版发行： 人民交通出版社股份有限公司
地　　址：（100011）北京市朝阳区安定门外外馆斜街 3 号
网　　址： http://www.ccpress.com.cn
销售电话：（010）59757973
总 经 销： 人民交通出版社股份有限公司发行部
经　　销： 各地新华书店
印　　刷： 北京市密东印刷有限公司
开　　本： 787×1092　1/16
印　　张： 6.75
字　　数： 158 千
版　　次： 2007 年 6 月　第 1 版
印　　次： 2017 年 1 月　第 5 次印刷
书　　号： ISBN 978-7-114-06448-7
印　　数： 14001-16000 册
定　　价： 30.00 元（两书总定价）

前　　言

《工程测量实训指导书》(附配套使用的《工程测量实训报告》)是交通职业教育路桥类专业规划教材《工程测量》的配套教材,按照教育部颁布的《工程测量》课程教学基本要求、工程测量实训教学基本要求、测量工(中级工)职业技能鉴定标准以及职业教育人才培养目标的要求编写。

本教材在编写过程中总结了近几年各校工程测量课程教学改革的经验,本着科学性、实用性和先进性的编写指导思想,注重实践教学和操作技能训练,突出职业教育对学生动手能力培养的特色,便于教师教学和指导学生实训,并努力缩短学校教学和工作岗位之间的距离,为实现学生零距离上岗做有益的尝试和探索。

为方便教、学双方使用,本书分《工程测量实训指导书》和《工程测量实训报告》两册装订,学生可直接在实训报告上完成书面作业,以规范学习行为,便于学校进行实训教学环节管理。

本书由内蒙古大学交通学院张保成编著。

由于编者水平有限,错误和缺点在所难免,希望读者提出宝贵意见,以便再版时改正。

编著者

2007.1

目　　录

第一部分　工程测量实训须知

一、工程测量实训规定

(1)在实训之前,必须复习教材中的有关内容,认真仔细地预习本书,以明确目的、了解任务、熟悉实训步骤或实训过程、注意有关事项,并准备好所需文具用品。

(2)实训分小组进行,组长负责组织协调工作,办理所用仪器工具的借领和归还手续。

(3)实训应在规定的时间进行,不得无故缺席或迟到早退;应在指定的场地进行,不得擅自改变地点或离开现场。

(4)必须遵守本书列出的"测量仪器工具的借领与使用规则"和"测量记录与计算规则"。

(5)服从教师的指导,严格按照本书的要求,认真、按时、独立地完成任务。每项实训都应取得合格的成果,提交书写工整规范的实训报告或实训记录,经指导教师审阅同意后,才可交还仪器工具,结束工作。

(6)在实训过程中,还应遵守纪律,爱护现场的花草、树木和农作物,爱护周围的各种公共设施,任意砍折、踩踏或损坏者应予赔偿。

二、工程测量仪器工具的借领与使用规则

对测量仪器工具的正确使用、精心爱护和科学保养,是测量人员必须具备的素质和应该掌握的技能,也是保证测量成果质量、提高测量工作效率和延长仪器工具使用寿命的必要条件。在仪器工具的借领与使用中,必须严格遵守下列规定。

1. 仪器工具的借领

(1)实训时凭学生证到仪器室办理借领手续,以小组为单位领取仪器工具。

(2)借领时应该当场清点检查:实物与清单是否相符;仪器工具及其附件是否齐全;背带及提手是否牢固;脚架是否完好等。如有缺损,可以补领或更换。

(3)离开借领地点之前,必须锁好仪器并捆扎好各种工具,搬运仪器工具时,必须轻取轻放,避免剧烈振动。

(4)借出仪器工具之后,不得与其他小组擅自调换或转借。

(5)实训结束,应及时收装仪器工具,送还借领处检查验收,办理归还手续。如有遗失或损坏,应写出书面报告说明情况,并按有关规定给予赔偿。

2. 仪器的安置

(1)在三角架安置稳妥之后,方可打开仪器箱。开箱前应将仪器箱放在平稳处,严禁托在手上或抱在怀里。

(2)打开仪器箱之后,要看清并记住仪器在箱中的安放位置,避免以后装箱困难。

(3)提取仪器之前,应先松开制动螺旋,再用双手握住支架或基座,轻轻取出仪器放在三角架上,保持一手握住仪器,一手拧连接螺旋,最后旋紧连接螺旋使仪器与脚架连接牢固。

(4)装好仪器之后,注意随即关闭仪器箱盖,防止灰尘和湿气进入箱内。严禁坐在仪器

箱上。

3. 仪器的使用

(1)仪器安置之后,不论是否操作,必须有人看护,防止无关人员搬弄或行人、车辆碰撞。

(2)在打开物镜时或在观测过程中,如发现灰尘,可用镜头纸或软毛刷轻轻拂去,严禁用手指或手帕等物擦试镜头,以免损坏镜头上的镀膜。观测结束后应及时套好镜盖。

(3)转动仪器时,应先松开制动螺旋,再平稳转动。使用微动螺旋时,应先旋紧制动螺旋。

(4)制动螺旋应松紧适度,微动螺旋和脚螺旋不要旋到顶端,使用各种螺旋都应均匀用力,以免损伤螺纹。

(5)在野外使用仪器时,应该撑伞,严防日晒雨淋。

(6)在仪器发生故障时,应及时向指导教师报告,不得擅自处理。

4. 仪器的搬迁

(1)在行走不便的地区迁站或远距离迁站时,必须将仪器装箱之后再搬迁。

(2)短距离迁站时,可将仪器连同脚架一起搬迁,其方法是:先取下垂球,检查并旋紧仪器连接螺旋,松开各制动螺旋使仪器保持初始位置(经纬仪望远镜物镜对向度盘中心,水准仪的水准器向上);再收拢三脚架,左手握住仪器基座或支架放在胸前,右手抱住脚架放在肋下,稳步行走。严禁斜扛仪器,以防碰摔。

(3)搬迁时,小组其他人员应协助观测员带走仪器箱和有关工具。

5. 仪器的装箱

(1)每次使用仪器之后,应及时清除仪器上的灰尘及脚架上的泥土。

(2)仪器拆卸时,应先将仪器脚螺旋调至大致同高的位置,再一手扶住仪器,一手松开连接螺旋,双手取下仪器。

(3)仪器装箱时,应先松开各制动螺旋,使仪器就位正确,试关箱盖确认放妥后,再拧紧制动螺旋,而后关箱上锁。若合不上箱口,切不可强压箱盖,以防压坏仪器。

(4)清点所有附件和工具,防止遗失。

6. 测量工具的使用

(1)钢尺的使用:应防止扭曲、打结和折断,防止行人踩踏或车辆碾压,尽量避免尺身着水。携尺前进时,应将尺身提起,不得沿地面拖行,以防损坏刻画。用完钢尺,应擦净、涂油,以防生锈。

(2)皮尺的使用:应均匀用力拉伸,避免着水、车压。如果皮尺受潮,就及时晾干。

(3)各种标尺、花杆的使用:应注意防水防潮、防止受横向压力,不能磨损尺面刻画的漆皮,不用时安放稳妥。使用塔尺还应注意接口处的正确连接,用后及时收尺。

(4)测图板的使用:应注意保护板面,不得乱写乱扎,不能施以重压。

(5)小件工具(如垂球、测钎、尺垫等)的使用:应用完即收,防止遗失。

(6)一切测量工具都应保持清洁,专人保管搬运,不能随意放置,更不能作为捆扎、抬担的它用工具。

三、工程测量记录与计算规则

测量记录是外业观测成果的记载和内业数据处理的依据。在测量记录或计算时必须严肃认真,一丝不苟,严格遵守下列规则:

(1)在测量记录之前,应准备好硬性(3H 或 4H)铅芯,同时熟悉记录表上各项内容及填写、计算方法。

(2)记录观测数据之前,应将记录表头的仪器型号、日期、天气、测站、观测者及记录者姓名等无一遗漏地填写齐全。

(3)观测者读数后,记录者应随即在测量记录表上的相应栏内填写,并复诵回报进行检核。不得另纸记录事后转抄。

(4)记录时要求字体端正清晰、数位对齐、数字对齐。字体的大小一般占格宽的1/2~1/3,字脚靠近底线;表示精度或占位的“0”(例如水准尺读数1.500或0.234,度盘读数93°04′00″)均不可省略。

(5)观测数据的尾数不得更改,读错或记错后必须重测重记。例如,角度测量时,秒级数字出错,应重测该测回;水准测量时,毫米级数字出错,应重测该测站;钢尺量距时,毫米级数字出错,应重测该尺段。

(6)观测数据的前几位若出错时,应用细横线划去错误的数字,并在原数字上方写出正确的数字。注意不得涂擦已记录的数据。禁止连环更改数字,例如:水准测量中的黑、红面读数,角度测量中的盘左、盘右观测值,距离丈量中的往、返丈量值等,均不能同时更改,否则重测。

(7)记录数据修改后或观测成果废去后,都应在记录表的备注栏内写明原因(如测错、记错或超限等)。

(8)每站观测结束后,必须在现场完成规定的计算和检核,确认无误后方可迁站。

(9)数据运算应根据所取位数,按“4舍6入,5前单进双舍”的规则进行凑整。例如,对1.4244m、1.4236m、1.4235m、1.4245m这几个数据,若取至毫米位,则均应记为1.424m。

(10)应该保持测量记录的整洁,严禁在记录表上书写无关内容,更不得丢失记录表。

第二部分　工程测量课间实训指导

实训一　水准仪的认识与技术操作

一、技能目标

（1）识别水准仪的一般构造。

（2）练习水准仪的技术操作方法。

二、仪器与工具

（1）由仪器室借领：DS_3 水准仪 1 台、水准尺 1 根、记录板 1 块、测伞 1 把。

（2）自备：铅笔、草稿纸。

三、实训方法与步骤

（1）指导教师讲解水准仪的构造及技术操作方法。

（2）安置和粗平水准仪。

水准仪的安置主要是整平圆水准器，使仪器概略水平。做法是：选好安置位置，将仪器用连接螺旋安紧在三脚架上，先踏实两脚架尖，摆动另一只脚架使圆水准器气泡概略居中，然后转动脚螺旋使气泡居中。转动脚螺旋使气泡居中的操作规律是：气泡需要向哪个方向移动，左手拇指就向那个方向转动脚螺旋。如图 2-1a），气泡偏离在 a 的位置，首先按箭头所指的方向同时转动脚螺旋①和②，使气泡移到 b 的位置，如图 2-1b），再按箭头所指方向转动脚螺旋③，使气泡居中。

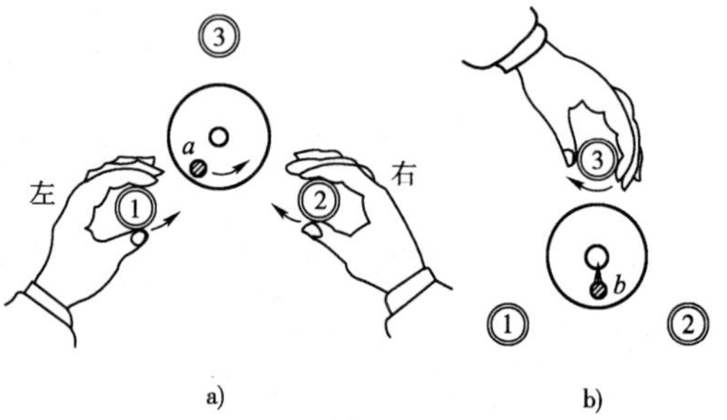

图　2-1

（3）用望远镜照准水准尺，并且消除视差。

首先用望远镜对着明亮背景，转动目镜对光螺旋使十字丝清晰可见。然后松开制动螺旋，转动望远镜，利用镜筒上的准星和照门照准水准尺，旋紧制动螺旋。再转动物镜对光螺旋，使尺像清晰。此时如果眼睛上、下晃动，十字丝交点总是指在标尺物像的一个固定位置，即无视差现象，如图 2-2c）所示。如果眼睛上、下晃动，十字丝横丝在标尺上错动就是有视差，说明标尺物像没有呈现在十字丝平面上，如图 2-2a）、b）所示。若有视差将影响读数的准确性。消除视差时要仔细进行物镜对光使水准尺看得最清楚，这时如十字丝不清或出现重影，再旋转目镜对光螺旋，直至完全消除视差为止，最后利用微动螺旋使十字丝精确照准水准尺。

（4）精确整平水准仪。

转动微倾螺旋使管水准器的符合水准气泡两端的影像符合，如图 2-3 所示。转动微倾螺旋要稳重，慢慢地调节，避免气泡上下不停错动。

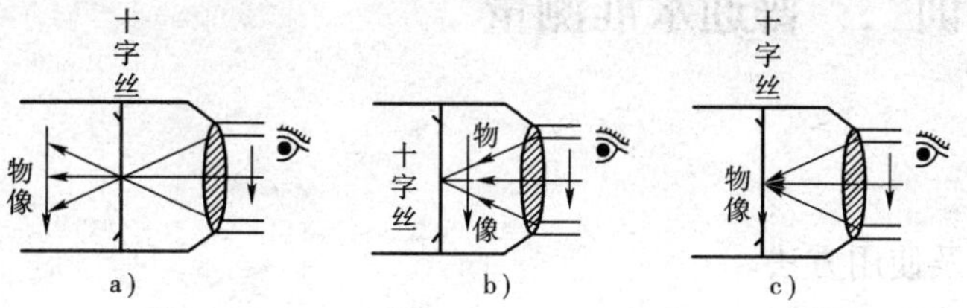

图　2-2

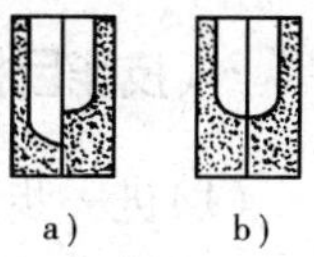

图　2-3

（5）读数。

以十字丝横丝为准读出水准尺上的数值，读数前，要对水准尺的分画、注记分析清楚，找出最小刻画单位，整分米、整厘米的分画及米数的注记。先估读毫米数，再读出米、分米、厘米。要特别注意不要错读单位和发生漏零现象。读数后，应立即查看气泡是否仍然符合，否则应重新使气泡符合后再读数。

四、注意事项

（1）安置仪器时应将仪器中心连接螺旋拧紧，防止仪器从脚架上脱落下来。

（2）水准仪为精密光学仪器，在使用中要按照操作规程作业。各个螺旋要正确使用。

（3）在读数前务必将水准器的符合水准气泡严格符合，读数后应复查气泡符合情况，发现气泡错开，应立即重新将气泡符合后再读数。

（4）转动各螺旋时要稳、轻、慢，不能用力太大。

（5）发现问题，及时向指导教师汇报，不能自行处理。

（6）水准尺必须要有人扶着，决不能立在墙边或靠在电杆上，以防摔坏水准尺。

（7）螺旋转到头要返转回来少许，切勿继续再转，以防脱扣。

五、上交资料

每人上交水准仪的认识与技术操作实训报告。实训报告格式见《工程测量实训报告》实训一。

实训二　普通水准测量

一、技能目标

(1)进一步熟悉水准仪的构造及使用方法。

(2)学会普通水准测量的实际作业过程。

(3)施测一闭合水准路线,计算其闭合差。

二、仪器与工具

(1)由仪器室借领:DS_3 水准仪 1 台、水准尺 2 根、记录板 1 块、尺垫 2 个、测伞 1 把。

(2)自备:计算器、铅笔、小刀、草稿纸。

三、实训方法与步骤

(1)全组共同施测一条闭合水准路线,其长度以安置 6 ~ 8 个测站为宜。确定起始点及水准路线的前进方向。人员分工是:两人扶尺,一人记录,一人观测。施测 2 ~ 3 站后轮换工作。

(2)在每一站上,观测者首先应整平仪器,而后照准后视尺,对光、调焦、消除视差。慢慢转动微倾螺旋,将管水准器的气泡严格符合后,读取中丝读数,记录员将读数记入记录表中。读完后视读数,紧接着照准前视尺,用同样的方法读取前视读数。记录员把前、后视读数记好后,应立即计算本站高差 h_i。

(3)用(2)叙述的方法依次完成本闭合线路的水准测量。

(4)水准测量记录要特别细心,当记录者听到观测者所报读数后,要回报观测者,经默许后方可记入记录表中。观测者应注意复核记录者的复诵数字。

(5)观测结束后立即算出高差闭合差 $f_h = \sum h_i$。如果 $f_h \leqslant f_{h容}$ 说明观测成果合格,即可算出各立尺点高程(假定起点高程为 100m)。否则,要进行重测。

四、注意事项

(1)水准测量工作要求全组人员紧密配合,互谅互让,禁止闹意见。

(2)中丝读数一律取四位数,记录员也应记满四个数字,“0”不可省略。

(3)扶尺者要将尺扶直,与观测人员配合好,选择好立尺点。

(4)水准测量记录中严禁涂改、转抄,不准用钢笔、圆珠笔记录,字迹要工整、整齐、清洁。

(5)每站水准仪置于前、后尺距离基本相等处,以消除或减少视准轴不平行于水准管轴的误差及其他误差影响。

(6)在转点上立尺,读完上一站前视读数后,在下站的测量工作未完成之前绝对不能碰动尺垫或弄错转点位置。

(7)为校核每站高差的正确性,应按变换仪器高方法进行施测,以求得平均高差值作为本站的高差。

(8)限差要求:同一测站两次仪器高所测高差之差应小于 5mm;水准路线高差闭合差的容许值为 $f_{h容} = \pm 40\sqrt{L}$(或 $\pm 12\sqrt{n}$)mm。

五、上交资料

(1)每人上交合格的普通水准测量记录一份。普通水准测量记录表格式见《工程测量实训报告》实训二。

(2)每人上交实训报告。实训报告格式见《工程测量实训报告》实训二。

实训三　四等水准测量

一、技能目标

(1)学习用双面水准尺进行四等水准测量的观测、记录、计算方法。

(2)熟悉四等水准测量的主要技术指标,掌握测站及水准路线的检核方法。

二、仪器与工具

(1)由仪器室借领:DS_3 水准仪 1 台、双面水准尺 1 对、记录板 1 块、尺垫 2 个、测伞 1 把。

(2)自备:计算器、铅笔、小刀、计算用纸。

三、实训方法与步骤

(1)选定一条闭合或附合水准路线,其长度以安置 4 ~ 6 个测站为宜。沿线标定待定点的地面标志。

(2)在起点与第一个立尺点之间设站,安置好水准仪后,按以下顺序观测:

后视黑面尺,读取下、上丝读数;精平,读取中丝读数;分别记入记录表(1)、(2)、(3)顺序栏中;

前视黑面尺,读取下、上丝读数;精平,读取中丝读数;分别记入记录表(4)、(5)、(6)顺序栏中;

前视红面尺,精平,读取中丝读数;记入记录表(7)顺序栏中;

后视红面尺,精平,读取中丝读数;记入记录表(8)顺序栏中。

这种观测顺序简称"后—前—前—后",也可采用"后—后—前—前"的观测顺序。

(3)各种观测记录完毕应随即计算:

①黑、红面分画读数差(即同一水准尺的黑面读数 + 常数 K - 红面读数)填入记录表(9)、(10)顺序栏中;

②黑、红面分画所测高差之差;填入记录表(11)、(12)、(13)顺序栏中,$(11) = (3) - (6)$,$(12) = (8) - (7)$,$(13) = (10) - (9)$;

③高差中数填入记录表(14)顺序栏中,$(14) = \frac{1}{2}[(11) + (12) \pm 0.100]$;

④前、后视距(即上、下丝读数差乘以 100,单位为 m)。填入记录表(15)、(16)顺序栏中,$(15) = (1) - (2)$,$(16) = (4) - (5)$;

⑤前、后视距差填入记录表(17)顺序栏中,$(17) = (15) - (16)$;

⑥前、后视距累积差填入记录表(18)顺序栏中,(18) = 上站(18) + 本站(17);

⑦检查各项计算值是否满足限差要求。

(4)依次设站同法施测其他各站。

(5)全部施测完毕后计算:

①路线总长(即各站前、后视距之和);

②各站前、后视距差之和(应与最后一站累积视距差相等);

③各站后视读数和,各站前视读数和,各站高差中数之和(应为上两项之差的 1/2);

④路线闭合差(应符合限差要求);

⑤各站高差改正数及各待定点的高程。

四、注意事项

(1)每站观测结束后应当即时计算校核,若有超限则重测该测站。全路线施测计算完毕,各项检核均已符合,路线闭合差也在限差之内,即可收测。

(2)有关技术指标的限差规定如下表。

等级	视线高度(m)	视距长度(m)	前后视距差(m)	前后视距累积差(m)	黑、红面分画读数差(mm)	黑、红面分画所测高差之差(mm)	路线闭合差(mm)
四	>0.2	≤100	≤5	≤10	3.0	5.0	$\pm 20\sqrt{L}$

注:表中 L 为路线总长,以公里为单位。

(3)四等水准测量作业的集体观念很强,全组人员一定要互相合作,密切配合,相互体谅。

(4)记录者要认真负责,当听到观测值所报读数后,要回报给观测者,经默许后,方可记入记录表中。如果发现有超限现象,立即告诉观测者进行重测。

(5)严禁为了快出成果,转抄、照抄、涂改原始数据。记录的字迹要公正、整齐、清洁。

(6)四等水准测量记录表内括号中的数,表示观测读数与计算的顺序。(1) ~(8)为记录顺序,(9) ~(18)为计算顺序。

(7)仪器前后尺视距一般不超过 80m。

(8)双面水准尺每两根为一组,其中一根尺常数 $K_1=4.687$m,另一根尺常数 $K_2=4.787$m,两尺的红面读数相差 0.100m(即 4.687 与 4.787 之差),当第一测站前尺位置决定以后,两根尺要交替前进,即后变前,前变后,不能搞乱。在记录表中的方向及尺号栏内要写明尺号,在备注栏内写明相应尺号的 K 值。起点高程可采用假定高程,即设 $H_0=100.00$m。

(9)四等水准测量记录计算比较复杂,要多想多练,步步校核,熟中取巧。

(10)四等水测量在一个测站的观测顺序应为:后视黑面三丝读数,前视黑面三丝读数,前视红面中丝读数,后视红面中丝读数。称为"后—前—前—后"顺序。当沿土质坚实的路线进行测量时,也可以用"后—后—前—前"的观测顺序。

五、上交资料

(1)每人上交合格的观测记录成果一份。四等水准测量记录表格式见《工程测量实训报告》实训三。

(2)每人上交实训报告。实训报告格式见《工程测量实训报告》实训三。

实训四　微倾式水准仪的检验和校正

一、技能目标

(1)认识微倾式水准仪的主要轴线及它们之间应具备的几何关系。

(2)掌握水准仪检验和校正方法。

二、仪器与工具

(1)由仪器室借领:DS_3 水准仪 1 台、水准尺 2 根、尺垫 2 个、木桩 2 个、斧子 1 把、校正针1 根。

(2)自备:计算器、铅笔、小刀、草稿纸。

三、实训方法与步骤

1. 一般性检验

安置仪器后,首先检验:三脚架是否牢固;制动和微动螺旋、微倾螺旋、对光螺旋、脚螺旋等是否有效;望远镜成像是否清晰等。同时了解水准仪各主要轴线及其相互关系。

2. 圆水准器轴平行于仪器竖轴的检验和校正

(1)检验:转动脚螺旋使圆水准器气泡居中,将仪器绕竖轴旋转 180°后,若气泡仍居中,则说明圆水准器轴平行于仪器竖轴,否则需要校正。

(2)校正:先稍松圆水准器底部中央的固紧螺钉,再拨动圆水准器的校正螺钉,使气泡返回偏离量的一半,然后转动脚螺旋使气泡居中。如此反复检校,直到圆水准器在任何位置时,气泡都在刻画圈内为止。最后旋紧固紧螺旋。

3. 十字丝横丝垂直于仪器竖轴的检验与校正

(1)检验:以十字丝横丝一端瞄准约 20m 处一细小目标点,转动水平微动螺旋 ,若横丝始终不离开目标点,则说明十字丝横丝垂直于仪器竖轴,否则需要校正。

(2)校正:旋下十字丝分划板护罩,用小螺丝刀松开十字丝分划板的固定螺钉,微略转动十字丝分划板,使转动水平微动螺旋时横丝不离开目标点。如此反复检校,直至满足要求。最后将固定螺钉旋紧,并旋上护罩。

4. 水准管轴与视准轴平行关系的检验与校正

(1)检验:

①如图 2-4 所示,选择相距 75 ~ 100m,稳定且通视良好的两点 A、B。在 A、B 两点上各打一个木桩固定其点位。

②水准仪置于距 A、B 两点等远处的 C 位置,用变换仪器高度法测定 A、B 两点间的高差(两次高差之差不超过 3mm 时可取平均值作为正确高差 h_{AB})。

$$h_{AB} = a_1 - b_1$$

③再把水准仪置于约离 B 点 3 ~ 5m 的 E 位置,精平仪器后读取近尺 B 上的读数 b_2。

④计算远尺 A 上的正确读数值 a_2'。

$$a_2' = b_2 + h_{AB}$$

⑤照准远尺 A,旋转微倾螺旋,将水准仪视准轴对准 A 尺上的 a_2'读数,这时,如果水准管

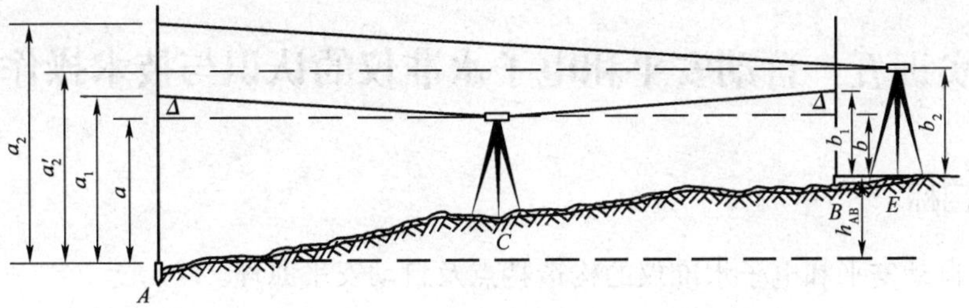

图 2-4

气泡居中，即符合气泡影像符合，则说明视准轴与水准管轴平行。否则应进行校正。

(2)校正：

①重新旋转水准仪微倾螺旋，使视准轴对准尺 A 读数 a_2'，这时水准管符合气泡影像错开，即水准管气泡不居中。

②用校正针先松开水准管左右校正螺钉，再拨动上下两个校正螺钉[先松上(下)边的螺钉，再紧下(上)边的螺钉]，直到使符合气泡影像符合为止。此项工作要重复进行几次，直到符合要求为止。

四、注意事项

(1)水准仪的检验和校正过程要认真细心，不能马虎。原始数据不得涂改。

(2)校正螺钉都比较精细，在拨动螺钉时要"慢、稳、均"。

(3)各项检验和校正的顺序不能颠倒，在检校过程中同时填写实训报告。

(4)各项检校都需要重复进行，直到符合要求为止。

(5)对 100m 长的视距，一般要求是检验远尺的读数与计算值之差不大于 3 ~ 5mm。

(6)每项检、校完毕都要拧紧各个校正螺钉，上好护盖，以防脱落。

(7)校正后，应再作一次检验，看其是否符合要求。

(8)本次实训要求学生只进行检验，如若校正应在指导教师直接指导下进行。

五、上交资料

每人上交微倾式水准仪的检验与校正实训报告。实训报告格式见《工程测量实训报告》实训四。

实训五　自动安平和电子水准仪的认识与技术操作

一、技能目标

(1)识别自动安平和电子水准仪的构造特点及自动安平原理。

(2)掌握自动安平和电子水准仪的技术操作方法。

二、仪器与工具

(1)由仪器室借领:自动安平或电子水准仪 1 台、水准尺或条码尺 1 根、尺垫 1 个、测伞 1 把。

(2)自备:铅笔、小刀、记录用纸。

三、自动安平水准仪实训方法与步骤

(1)由指导老师讲解自动安平水准仪的构造、安置和技术操作方法。

(2)将水准仪安置在三脚架上,调节脚螺旋,使圆水准器气泡居中。

(3)用望远镜照准水准尺进行对光、调焦、消除视差。

(4)观察十字丝分画板影像,用手轻按补偿器检验按钮,检验补偿器工作性能。如果十字丝刻画有摆动且能很快恢复原读数,则说明补偿器性能正常工作。或者用手轻轻按动目镜下面的按钮机构,观测望远镜内目标影像是否移动,如果移动说明补偿器处于正常工作状态。

(5)进行读数练习。读数方法与 DS_3 型微倾式水准仪相同。

四、注意事项

(1)在读数前必须检查补偿器,看其是否处于正常工作状态。

(2)其他注意事项与实训一中的注意事项相同。

五、自动安平水准仪"补偿器"性能的检验

1. 检验原理

自动安平水准仪"补偿器"的作用是:当视准轴倾斜时(在"补偿器"的允许范围内,即气泡中心不超过分划圈的范围),能在十字丝上读得水平视线的读数。检验"补偿器"性能的一般原理是:有意使仪器的旋转轴安置得不竖直,并测定两点间的高差,使之与正确高差相比较。如果"补偿器"的补偿性能正常,无论视线下倾(后视)或上倾(前视),都可读得水平视线的读数,测得的高差亦是 A、B 两点间的正确高差;如果"补偿器"性能不正常,由于前、后视的倾斜方向不一致,视线倾斜产生的读数误差不能在高差计算中抵消,因此,测得的高差将与正确的高差有明显的差异。

2. 检验方法

在较平坦的地方选择 100m 左右的 A、B 两点,在 A、B 点各钉入一木桩(或用尺垫代替),将水准仪置于 A、B 连线的中点,并使两个脚螺旋(为以下讲述方便称为①、②脚螺旋)与 AB 连线方向一致。如图 2-5 所示。

(1)首先用圆水准器将仪器置平,测出 A、B 两点间的高差 h_{AB},此值作为正确高差。

(2)升高第③个脚螺旋,使仪器向左(或向右)倾斜,测出 A、B 两点间的高差 $h_{AB左}$。

(3)降低第③个脚螺旋,使仪器向右(或向左)倾斜,测出 A、B 两点间的高差 $h_{AB右}$。

(4)升高第③个脚螺旋,使圆水准器气泡居中。

(5)升高第①个脚螺旋,使后视时望远镜向上(或向下)倾斜,测出 A、B 两点间的高差 $h_{AB上}$。

(6)降低第①个脚螺旋,使后视时望远镜向下(或向上)倾斜,测出 A、B 两点间的高差 $h_{AB下}$。

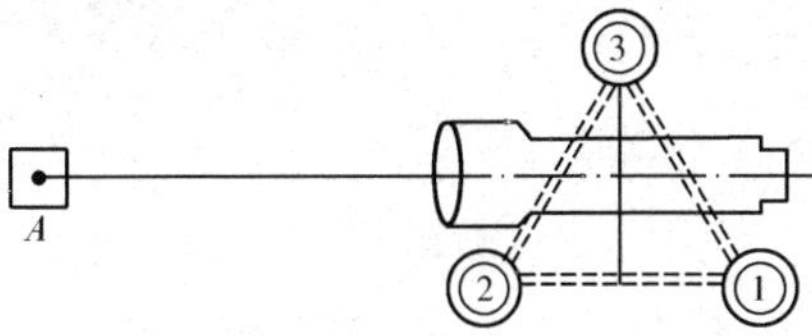

图 2-5

无论左、右、上、下倾斜,仪器的倾斜角度均由水准器气泡位置确定,四次倾斜的角度相同,一般取补偿器所能补偿的最大角度。将 $h_{AB左}$、$h_{AB右}$、$h_{AB上}$、$h_{AB下}$ 相比较,视其差数确定"补偿器"的性能。对于普通水准测量,此差数一般应小于 5mm。"补偿器"的校正可按仪器使用说明书上指明的方法和步骤进行。

六、NA2000 型电子水准仪技术操作方法

电子水准仪用于测量时,其技术操作方法与自动安平水准仪类似,分为粗平、照准、读数三步。下面以 NA2000 型电子水准仪为例介绍其操作方法。

1. 粗平

转动脚螺旋,使圆水准气泡居中即可。气泡居中的状况可在观察窗中看到。尔后打开仪器电源开关(开机),使仪器进行自检。当仪器自检合格后显示器显示程序清单,此时即可进行测量工作。

2. 照准

转动目镜调焦螺旋,看清十字丝;按相应键选择测量模式或测量程序,如仅测量不记录、测量并记录测量数据等。例如,按下 RROG 键,调出程序清单;按 DSP↑或 DSP↓键,选择相应的测量程序,并按 RUN 键予以确认。仅测量水准尺的读数和距离时,程序为"P MEAS ONLY";开始进行水准测量时的程序为"P START LEVELING";水准线路连续高程测量和输入起始点高程的程序为"P CONT LEVELING";视准轴误差检验的程序为"P CHECK & ADJUST";删除记录器中数据记录的程序为"P ERASE DATA"。选定测量模式后,进行物镜对光,用十字丝照准条码尺中央,并制动望远镜。

3. 读数

轻按一个测量按钮(红色),显示器将显示水准尺读数;按测量键即可得到仪器至条码尺的距离。若按相应键即可得到所需的相应数据。若在"测量并记录"模式,仪器将自动记录测量数据。在高程测量过程中,后视观测完毕后,仪器自动显示提示符"FORE □□□□",提醒观测员观测前视,前视观测完毕后,仪器又自动显示提示符"BACK □□□□",提醒进行下一站后视的观测;如此连续进行,直至观察到终点。仪器显示待定点的高程是以前一站转点的高

差推算的。

4. 结束

按[IN/SO]键结束测量工作。

七、上交资料

每人上交实训报告,实训报告格式见《工程测量实训报告》实训五。

实训六　DJ_6 级光学经纬仪的认识与技术操作

一、技能目标

(1)认识 DJ_6 级光学经纬仪的一般构造。

(2)练习 DJ_6 级光学经纬仪的技术操作方法。

(3)练习用水平度盘变换钮或复测扳手设置水平度盘读数。

二、仪器与工具

(1)由仪器室借领:DJ_6 级光学经纬仪 1 架、记录板 1 块、测伞 1 把。

(2)自备:铅笔、草稿纸。

三、实训方法与步骤

(1)由指导教师讲解 DJ_6 级光学经纬仪的构造及技术操作方法。

(2)学生自己熟悉 DJ_6 级光学经纬仪各螺旋的功能。

(3)练习安置 DJ_6 级光学经纬仪。经纬仪的安置包括对中和整平两项内容。

①对中:对中是把经纬仪水平度盘的中心安置在所测角的顶点铅垂线上。方法是先将三角架安置在测站点上,架头大致水平,用垂球概略对中后,踏牢三脚架,然后用连接螺旋将仪器固定在三脚架上,此时,若偏离测站点较大 ,则须将三脚架作平行移动,若偏离较小,可将连接螺旋放松,在三脚架头上移动仪器基座使垂球尖准确地对准测站点,然后再旋紧连接螺旋。

如果使用带有光学对点器的仪器,对中时可通过光学对点器进行对中。采用光学对点器对中,其做法是将仪器置于测站点上,使架头大致水平,三个脚螺旋的高度适中,光学对点器大致在测站点铅垂线上。转动对点器目镜看清分画板中心圈(十字丝),再拉动或旋转目镜,使测站点影像清晰。若中心圈(十字丝)与测站点相距较远,则应平移脚架,而后旋转脚螺旋,使测站点与中心圈(十字丝)重合。伸缩架腿,使圆水准气泡居中。这时可在架头上移动基座使之精确对中,最后拧紧连接螺旋。

②整平:整平是使水平度盘处于水平位置,仪器竖轴铅直。整平的方法是:

a. 使照准部水准管与任意两个脚螺旋连线平行,如图 2-6a)所示。两手以相反方向同时旋转①、②两脚螺旋,使水准管气泡居中。

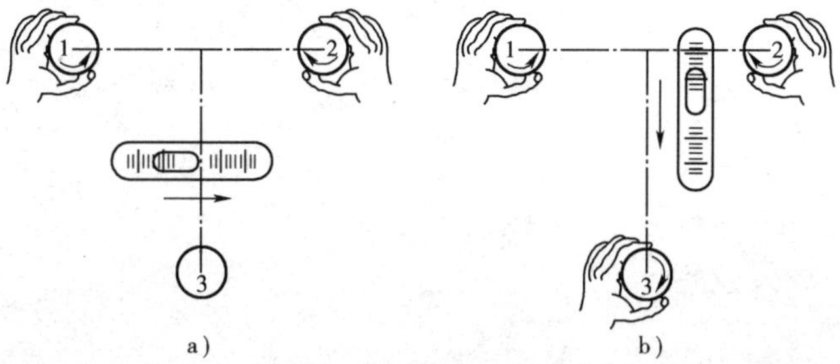

图 2-6

b. 将照准部平转 90°(有些仪器上装有两个水准管,则可以不转),如图 2-6b)所示,再用另一个脚螺旋③使水准管气泡居中。

c. 以上操作反复进行，直到气泡在任何位置都居中为止。

③整平后，再检查对中情况，如果光学对中器分划圈不在测站点上，应松开连接螺旋，在架头上平移仪器，使分划圈对准测站点。

(4)用望远镜瞄准远处目标。

①安置好仪器后，松开照准部和望远镜的制动螺旋，用粗瞄器初步瞄准目标，然后拧紧这两个制动螺旋。

②调节目镜对光螺旋，看清十字丝，再转动物镜对光螺旋，使望远镜内目标清晰，旋转水平微动和垂直微动螺旋，用十字丝精确照准目标，并消除视差。

(5)练习水平度盘读数。

(6)练习用水平度盘变换手轮或复测离合器扳手设置水平度盘读数。

①用望远镜照准选定目标。

②拧紧水平制动螺旋，用微动螺旋准确瞄准目标。

③转动水平度盘变换手轮，使水平度盘读数设置到预定数值。

④松开制动螺旋，稍微旋转后，再重新照准原目标，看水平度盘读数是否仍为原读数，否则需重新设置。

⑤掌握离合器扳手的锁紧、松开规律。即扳手向下时锁紧度盘，扳手向上时松开度盘。

四、注意事项

(1)经纬仪是精密仪器，使用时要十分谨慎小心，各个螺旋要慢慢转动。不准大幅度地、快速地转动照准部及望远镜。

(2)当一个人操作时，其他人员只作语言帮助，不能多人同时操作一台仪器。

(3)每组中每人的练习时间要因时、因人而异，要互相帮助。在实训过程中要及时填写实训报告。

(4)练习水平度盘读数时要注意估读的准确性。

(5)用度盘变换钮设置水平度盘读数时，不能用微动螺旋设置分、秒数值。如果这样做，将使目标偏离十字丝交点。

五、上交资料

每人上交 DJ_6 级光学经纬仪认识与技术操作实训报告，实训报告格式见《工程测量实训报告》实训六。

实训七　DJ_2 级光学经纬仪和电子经纬仪的认识与技术操作

一、技能目标

(1)认识 DJ_2 级光学经纬仪和电子经纬仪的构造及各部件的功能。

(2)识别 DJ_2 级和 DJ_6 级光学经纬仪的异同点。

(3)熟练 DJ_2 级光学经纬仪和电子经纬仪的安置和读数方法。

(4)熟练电子经纬仪的操作方法。

二、仪器与工具

(1)由仪器室借领:DJ_2 级光学经纬仪 1 台、电子经纬仪 1 台、记录板 1 个、测伞 1 把、花杆 2 根。

(2)自备:铅笔、小刀、草稿纸。

三、DJ_2 级光学经纬仪实训方法与步骤

1. DJ_2 级光学经纬仪的认识

(1)熟悉 DJ_2 级光学经纬仪各部件的名称及作用。

(2)练习下列各个装置的功能和用途。

①制动螺旋:水平制动和竖直制动——分别固定照准部和望远镜。

②微动螺旋:水平微动和竖直微动——用于精确瞄准目标。

③水准管:照准部水准管——用于显示水平度盘是否水平;竖盘指标水准管——用于显示竖盘指标线是否指向正确的位置。

④水平度盘变换装置:DJ_2 级光学经纬仪通过该装置,可设置起始方向的水平度盘读数。

⑤换像手轮:DJ_2 级光学经纬仪通过该装置,可设置读数窗处于水平或竖直度盘的影像。

2. DJ_2 级光学经纬仪的安置

1)对中(采用光学对中器)

(1)将三角架置于测站点上,目估架头大致水平,同时注意高度适中,安放经纬仪。

(2)调节对中器的目镜进行调焦,使对中器的分划圈影像清晰,然后拉动目镜使地面的影像清晰的出现在对中器内。

(3)当测站点不在对中器内,可移动两个脚架,将测站点的影像置于对中器分划圈附近,拧紧中心螺旋。

(4)旋转脚螺旋使测站点中心影像精确地位于分划圈内。

(5)伸缩三脚架使圆水准气泡居中,并检查对中情况。如果光学对中器分划圈不在测站点中心,应松开连接螺旋,在架头上平移仪器,使分划圈对准测站点中心。

2)整平

(1)使照准部水准管平行于任两个脚螺旋,并调节这两个脚螺旋,使管水准管气泡居中。

(2)然后旋转照准部 90°,调节第三个脚螺旋,使水准管气泡居中。

(3)重复上述两步工作,直至在任一位置水准管气泡均居中。此时仍应检查对点是否超限。

3）照准目标

（1）目镜对光——望远镜对向天空或一明亮背景，转动目镜，使十字丝分画板清晰。

（2）粗瞄目标——通过望远镜上的瞄准器将目标调入望远镜的视场内。

（3）物镜对光——调节物镜对光螺旋，使目标的影像清晰的出现在十字丝分画板上。

（4）消除视差——眼睛在目镜后作上下、左右运动时，如目标和十字丝分画板相对运动，则有视差。这时重复（1）和（3）两步工作可消除视差。

（5）精确瞄准——调节水平微动螺旋和竖直微动螺旋将目标调至十字丝分画板中心位置上。

4）读数

当读数设备是对径分画读数视窗，如图 2-7 所示。

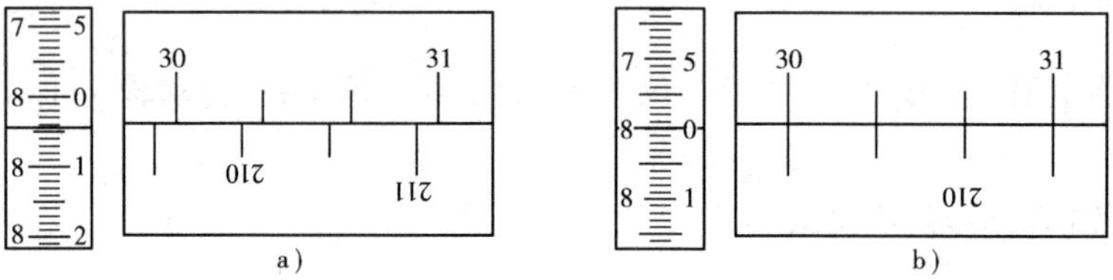

图 2-7

（1）将换像手轮置于水平位置，打开反光镜，使读数窗明亮。

（2）转动测微轮使读数窗内上、下分画线对齐。

（3）读出位于左侧或靠中的正像度刻线的度读数（30°）。

（4）读出与正像度刻线相差 180。位于右侧或靠中的倒像度刻线之间的格数 n，即：$n \times 10'$ 的分读数（$2 \times 10' = 20'$）。

（5）读出测微尺指标线截取小于 10′的分、秒读数（8′00″）。

（6）将上述度、分、秒相加，即得整个度盘读数（30°28′00″）。

5）归零

（1）首先用测微轮将小于 10′的测微器上的读数对着 00′00″。

（2）打开水平度盘变换手轮的保护盖，用手拨动该手轮，将度和整分调至（00°00′），并保证分画线上、下对齐。

四、T 2000 型电子经纬仪技术操作方法

在选定的点上安置电子经纬仪。

[ON]开机

[SET] [MODE] 95 [RUN] 1/0 [RUN]（选择 1 表示连续工作，选择 0 表示自动关机）

[SET] [TIME] 1/0 [RUN]（选择 1 表示 3min 之后关机，选择 0 表示 20s 之后自动关机）

[SET] [MODE] 40 [RUN] 3/4 [RUN]（选择 3 表示角度为 360°十进制，选择 4 表示 360°六十进制）

[SET] [FIX] n [RUN]（其中 n = 1、2、3、4、5，用[DATA]键改变或输入参数 1 到 5，则角值分别显示到 10′，1′，10″，1″，0. 1″）

[OFF]关机（为了省电和延长电子元件的使用寿命，尽量缩短开机工作时间）

照准1号目标后

[ON]开机

[DSP] [HzV] 显示平盘读数和竖盘读数

[SET] [HzO] 0 [RUN] 把1号目标置零

[OFF]关机

照准2号目标后

[ON]显示平盘读数和竖盘读数

[OFF]关机

重复照准目标可测得各目标的平盘读数和竖盘读数，电子经纬仪也要盘左、盘右观测。当只需平盘或竖盘读数时，按[DSP] [Hz]或[DSP] [V]即可。

五、注意事项

(1) DJ_2级经纬仪和电子经纬仪均属精密仪器，应避免日晒和雨淋，操作要做到轻、慢、稳。

(2)在对中过程中调节圆水准气泡居中时，切勿用脚螺旋调节而应用脚架调节，以免破坏对中。

(3)整平好仪器后，应检查对中点是否偏移超限。

六、上交资料

每人上交 DJ_2 经纬仪认识与技术操作实训报告，实训报告格式见《工程测量实训报告》实训七。

实训八　用测回法观测水平角

一、技能目标

(1)进一步熟悉经纬仪的构造、安置和技术操作方法。

(2)学会用测回法观测水平角。

二、仪器与工具

(1)由仪器室借领:经纬仪1台、记录板1块、测伞1把。

(2)自备:计算器、铅笔、草稿纸。

三、实训方法与步骤

(1)在一个指定的点上安置经纬仪。

(2)选择两个明显的固定点作为观测目标或用花杆标定两个目标。

(3)用测回法测定其水平角值。其观测程序如下:

①安置好仪器以后,以盘左位置照准左方目标,并读取水平度盘读数。记录人听到读数后,立即回报观测者;经观测者默许后,立即记入测角记录表中。

②顺时针旋转照准部照准右方目标,读取其水平度盘读数,并记入测角记录表中。

③由①、②两步完成了上半测回的观测,记录者在记录表中要计算出上半测回角值。

④将经纬仪置盘右位置,先照准右方目标,读取水平度盘读数,并记入测角记录表中。其读数与盘左时的同一目标读数大约相差180°。

⑤逆时针转动照准部,再照准左方目标,读取水平度盘读数,并记入测角记录表中。

⑥由④、⑤两步完成了下半测回的观测,记录者再算出其下半测回角值。

⑦至此便完成了一个测回的观测。如上半测回角值和下半测回角值之差没有超限(不超过±40″),则取其平均值作为一测回的角度观测值,也就是这两个方向之间的水平角。

(4)如果观测不止一个测回,而是要观测 m 个测回,那么在每测回盘左观测时,在左方目标照准后配置 $\frac{180°}{m}$ 的整数倍,作为该方向的水平方向值。

四、注意事项

(1)在记录前,首先要弄清记录表格的填写次序和填写方法。

(2)每一测回的观测中间,如发现水准管气泡偏离,也不能重新整平。本测回观测完毕,下一测回开始前再重新整平仪器。

(3)在照准目标时,要用十字丝竖丝照准目标的明显地方,最好看目标下部,上半测回照准什么部位,下站测回仍照准这个部位。

(4)长条形较大目标需要用十字丝双丝来照准,点目标用单丝平分。

(5)在选择目标时,最好选取不同高度的目标进行观测。

五、上交资料

(1)每人上交合格的观测记录成果一份,测回法测角记录表格式见《工程测量实训报告》实训八。

(2)每人上交实训报告,实训报告格式见《工程测量实训报告》实训八。

实训九　用方向观测法观测水平角

一、技能目标

(1)学会方向观测法的操作程序。
(2)了解方向观测法的精度要求及重测原则。

二、仪器与工具

(1)由仪器室借领:DJ_2 级经纬仪 1 台、测伞 1 把、花杆 4 根。
(2)自备:计算器、铅笔、小刀、草稿纸。

三、实训方法与步骤

1. 操作程序

(1)如图 2-8 所示,在 O 点安置经纬仪选取一方向作为起始零方向(如图中 A 方向)。

(2)用盘左位置照准 A 方向,并拨动水平度盘变换手轮将 A 方向的水平度盘读数设置在 00°00′00″附近,然后顺时针转动照准部 1 ~2 周,重新照准 A 方向并读取水平度盘实数。记入方向观测法记录表中。

(3)按顺时针方向依次照准 B、C、D 方向,并读取水平度盘读数, 将读数值分别记入记录表中。

(4)继续旋转照准部至 A 方向,再读取水平度盘读数, 检查归零差是否合格。

(5)盘右位置观测前先逆时针旋转照准部 1 ~2 周后再照准 A 方向,并读取水平度盘读数,记入记录表中。

(6)按逆时针方向依次照准 D、C、B 方向,并读取水平度盘读数, 将读数值分别记入记录表中。

(7)逆时针继续旋转至 A 方向,读取零方向 A 的水平度盘读数,并检查归零差和 $2c$ 互差。

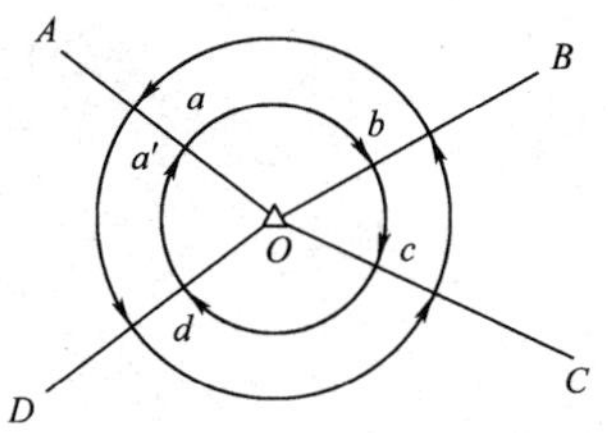

图　2-8

2. 起始方向度盘读数位置的变换规则

为了提高测角精度、减少度盘刻画误差的影响、各测回起始方向的度盘读数位置应均匀地分布在度盘和测微尺不同位置上,根据不同等级和采用的仪器,可采用下列公式确定起始方向的度盘读数,即每测回起始方向盘左的水平度盘读数应设置为($\frac{180°}{m}+\frac{60°}{m}$)的整倍数。

3. 限差的要求

等　级	经纬仪型号	半测回归零差	一测回内 2c 互差	同一方向各测回互差
桥梁五级三角网	J_2	12″	18″	12″
桥梁六、七级网	J_6	18″		24″

4. 重测的原则和顺序

1）归零差

（1）当上半测回归零差超限时，应立即重测。

（2）当下半测回归零差超限时，则重测整个测回。

2）$2c$ 互差

（1）零方向的 $2c$ 互差超限时，则重测整个测回。

（2）其他方向的 $2c$ 互差超限时，则重测超限方向，并联测零方向。当一测回重测方向超过 $\frac{1}{3}$ 总方向数时，应重测整个测回。

3）测回互差

（1）当各测回同一归零方向值超限时，重测超限方向，并联测零方向。

（2）全部重测的方向数超过该站全部方向测回总数的 $\frac{1}{3}$ 时，全部成果重测。

四、注意事项

（1）每半测回观测前应先旋转照准部 1 ~ 2 周。

（2）一测回内，不得重新调焦和两次整平仪器。

（3）选择距离适中，通视良好，成像清晰的方向作为零方向。

（4）使用微动螺旋和测微螺旋时，其最后旋转方向均应为旋进。

（5）管水准器气泡偏离中心不得超过 1 格以上。

（6）进行水平角观测时，应尽量照准目标的下部。

五、上交资料

（1）每人上交合格的观测成果一份，记录表格式见《工程测量实训报告》实训九。

（2）每人上交实训报告，实训报告格式见《工程测量实训报告》实训九。

实训十　竖直角测量

一、技能目标

(1)学会竖直角的测量方法。

(2)练习竖直角及竖盘指标差的记录、计算方法。

二、仪器与工具

(1)由仪器室借领:经纬仪 1 台、记录板 1 块、测伞 1 把。

(2)自备:计算器、铅笔、小刀、草稿纸。

三、实训方法与步骤

(1)在某指定点上安置经纬仪。

(2)以盘左位置使望远镜视线大致水平。竖盘指标所指读数 90°即为盘左时的竖盘始读数,记作 $L_{始}$。

同样,盘右位置的竖盘始读数,记作 $R_{始}$(一般情况下 $L_{始}=90°$,$R_{始}=270°$)。

(3)以盘左位置将望远镜物镜端抬高,即当视准轴逐渐向上倾斜时,观察竖盘读数是增加还是减小,借以确定竖直角和指标差的计算公式。

①当望远镜物镜抬高时,如竖盘读数逐渐减小,则竖直角计算公式为:

$$\alpha_{左}=90°-L;\alpha_{右}=R-270°$$

竖直角 $\alpha=\frac{1}{2}(\alpha_{左}+\alpha_{右})=\frac{1}{2}(R-L-180°)$

竖盘指标差 $X=-\frac{1}{2}(\alpha_{左}-\alpha_{右})=\frac{1}{2}(L+R-360°)$

②当望远镜物镜抬高时,如竖盘读数逐渐增大,则竖角计算公式为:

$$\alpha_{左}=L-90°;\alpha_{右}=270°-R$$

竖直角 $\alpha=\frac{1}{2}(\alpha_{左}+\alpha_{右})=\frac{1}{2}(R-L-180°)$

竖盘指标差 $X=-\frac{1}{2}(\alpha_{左}-\alpha_{右})=\frac{1}{2}(L+R-360°)$

③必须注意,X 值有正有负。盘左位置观测时用 $\alpha=\alpha_{左}+X$ 来计算就能获得正确的竖直角 α;而盘右位置观测用 $\alpha=\alpha_{右}-X$ 计算才能获得正确的竖直角 α。

④用上述公式算出的竖直角 α 的符号为"+"时,α 为仰角;符号为"-"时,α 为俯角。

(4)用测回法测定竖直角,其观测程序如下:

①安置好经纬仪后,盘左位置照准目标,转动竖盘指标水准管微动螺旋使水准管气泡居中(符合气泡影像符合)后,读取竖直度盘的读数 L。记录者将读数值 L 记入竖直角测量记录表中。

②根据以上所确定的竖直角计算公式,在记录表中计算出盘左时的竖直角 $\alpha_{左}$。

③再用盘右位置照准目标,转动竖盘指标水准管微动螺旋使水准管气泡居中(符合气泡影像符合)后,读取其竖直度盘读数 R。记录者将读数值 R 记入竖直角测量记录表中。

④根据所定竖角计算公式，在记录表中计算出盘右时的竖直角 $\alpha_{右}$。

⑤计算一测回竖直角值和指标差。

四、注意事项

（1）直接读取的竖盘读数并非竖直角，竖直角通过计算才能获得。

（2）竖盘因其刻画注记和始读数的不同，计算竖直角的方法也就不同，要通过检测来确定正确的竖角和指标差计算公式。

（3）盘左盘右照准目标时，要用十字丝横丝照准目标的同一位置。

（4）在竖盘读数前，务必要使竖盘指标水准管气泡居中。

五、上交资料

（1）每人上交的合格观测记录成果一份，竖直角测量记录表格式见《工程测量实训报告》实训十。

（2）每人上交实训报告，实训报告格式见《工程测量实训报告》实训十。

实训十一　DJ_6 级光学经纬仪的检验和校正

一、技能目标

(1)认识 DJ_6 级光学经纬仪的主要轴线及它们之间应具备的几何关系。

(2)熟悉 DJ_6 级光学经纬仪的检验和校正方法。

二、仪器及工具

(1)由仪器室借领:DJ_6 级光学经纬仪 1 台、记录板 1 块、测伞 1 把、校正针1 根。

(2)自备:计算器、铅笔、小刀、草稿纸。

三、实训方法与步骤

1. 指导教师讲解各项检校的过程及操作要领

2. 照准部水准管轴垂直于仪器竖轴的检验和校正

1)检验方法

(1)先将经纬仪严格整平。

(2)转动照准部,使水准管与三个脚螺旋中的任意一对平行,转动脚螺旋使气泡严格居中。

(3)再将照准部旋转 180°,此时,如果气泡仍居中,说明该条件能够满足。若气泡偏离中央零点位置,则需进行校正。

2)校正方法

(1)先旋转这一对脚螺旋,使气泡向中央零点位置移动偏离格数的一半。

(2)用校正针拨动水准管一端的校正螺钉,使气泡居中。

(3)再将仪器严格整平后,进行检验,如需校正,仍用(1)、(2)所述方法进行校正。

(4)反复进行数次,直到气泡居中后;再转动照准部,气泡的偏离在半格以内,可不再校正。

3. 十字丝竖丝的检验和校正

1)检验方法

整平仪器后,用十字丝竖丝的最上端照准一明显固定点,固定照准部制动螺旋和望远镜制动螺旋,然后转动望远镜微动螺旋,使望远镜上下微动,如果该固定点目标不离开竖丝,说明此条件满足,否则需要校正。

2)校正方法

(1)旋下望远镜目镜端十字丝环护罩,用螺丝刀松开十字丝环的每个固定螺钉。

(2)轻轻转动十字丝环,使竖丝处于竖直位置。

(3)调整完毕后务必拧紧十字丝环的四个固定螺钉,上好十字丝环护罩。

此项检验、校正也可以采用与水准仪横丝检校的同样方法,或采用悬挂垂球使竖丝与垂球线重合的方法进行。

4. 视准轴的检验和校正

1)盘左盘右读数法

(1)检验方法

①选与视准轴大致处于同一水平线上的一点作为照准目标，安置好仪器后，盘左位置照准此目标并读取水平盘读数，记作 $\alpha_{左}$。

②再以盘右位置照准此目标，读取水平盘读数，记作 $\alpha_{右}$。

③如果 $\alpha_{左}=\alpha_{右}\pm180°$，则此项条件满足；如果 $\alpha_{左}\neq\alpha_{右}\pm180°$，则说明视准轴与仪器横轴不垂直存在视准差 c 即 $2c$ 误差，应进行校正。$2c$ 误差的计算公式如下：

$$c=\frac{1}{2}[\alpha_{左}-(\alpha_{右}\pm180°)]\text{或}\quad 2c=\alpha_{左}-(\alpha_{右}-180°)$$

(2)校正方法

①仪器仍处于盘右位置不动，以盘右位置读数为准，计算两次读数的平均值 α 作为正确读数，即

$$\alpha=\frac{\alpha_{左}+(\alpha_{右}\pm180°)}{2}$$

或用 $\alpha=\alpha_{左}-c$；$\alpha=\alpha_{右}+c$ 计算 α 的正确读数。

②转动照准部微动螺旋，使水平度盘指标在正确读数 α 上，这时，十字丝交点偏离了原目标。

③旋下望远镜目标端的十字丝护罩，松开十字丝环上、下校正螺钉，拨动十字丝环左右两个校正螺钉〔先松左(右)边的校正螺钉，再紧右(左)边的校正螺钉〕，使十字丝交点回到原目标，即使视准轴与仪器横轴相垂直。

④调整完毕务必拧紧十字丝环上、下两校正螺钉，上好望远镜目镜护罩。

2)横尺法(即四分之一法)

(1)检验方法

①选一平坦场地安置经纬仪，后视点 A 和前视点 B 与经纬仪站点 O 的距离为20.626m，如图2-9所示。

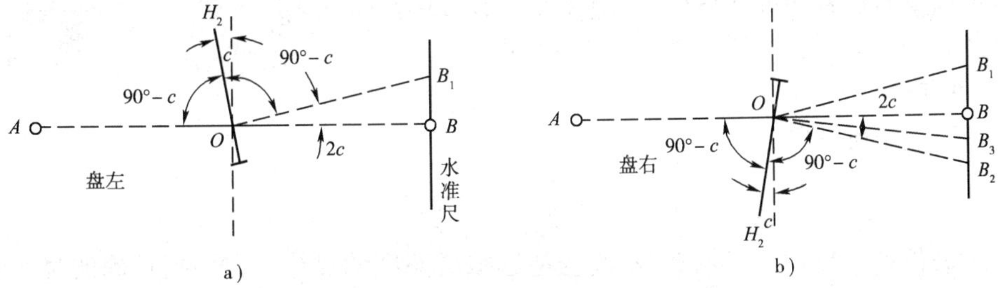

图 2-9

在前视 B 点上横放一刻有毫米分画的小尺。使小尺垂直视线 OB 并尽量与仪器同高。

②盘左位置照准后视点 A，倒转望远镜在前视 B 点尺上读数，得 B_1。

③盘右位置照准后视点 A，倒转望远镜在前视 B 点尺上读数，得 B_2。

④若 B_1 和 B_2 两点重合，说明视准轴与横轴垂直。否则先计算 c 值。

$$c''=\frac{B_1B_2}{4\cdot S}\cdot\rho''\quad(\rho''=206265)$$

若 $c''>15''$，应进行校正。

(2)校正方法

①求得 B_1 和 B_2 之间距离后，计算 B_2B_3，即$\overline{B_2B_3} = \frac{1}{4}\overline{B_1B_2}$。

②用拨针拨动十字丝环左右两个校正螺钉，先松左（右）边的校正螺钉，再紧右（左）边的校正螺钉。直到十字交点与 B_3 点重合为止。

③调整完毕后务必拧紧十字丝环上、下两校正螺钉，上好望远镜目镜护罩。

5. 横轴的检验和校正

1）检验方法

（1）将仪器安置在一个清晰的高目标附近（望远镜仰角为30°左右），视准面与墙面大约垂直，如图2-10所示。盘左位置照准目标 M，拧紧水平制动螺旋后，将望远镜放到水平位置，在墙上（或横放的尺上）标出 m_1 点。

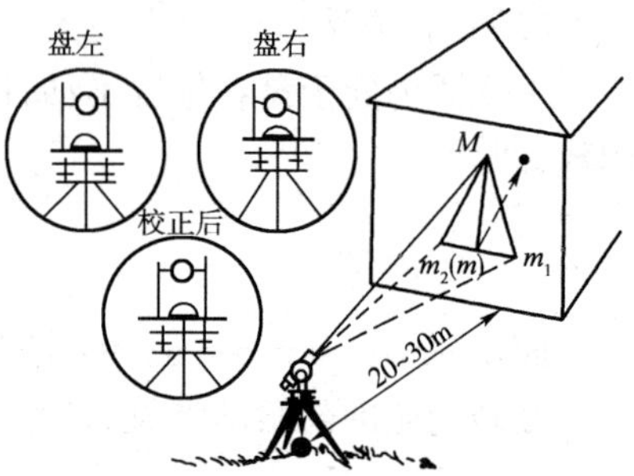

图 2-10

（2）盘右位置仍照准高目标 M，放平望远镜在墙上（或横放的尺子上）标出 m_2 点。若 m_1 与 m_2 两点重合，说明望远镜横轴垂直仪器竖轴。否则需校正。

2）校正方法

（1）由于盘左和盘右两个位置的投影各向不同方向倾斜，而且倾斜的角度是相等的，取 m_1 与 m_2 的中点 m，即是高目标点 M 的正确投影位置。得到 m 点后，用微动螺旋使望远镜照准 m 点，再仰起望远镜看高目标点 M，此时十字丝交点将偏离 M 点。

（2）此项校正一般应送仪器组专修后进行。

6. 竖盘指标水准管的检验和校正

1）检验方法

（1）安置好仪器后，盘左位置照准某一高处目标（高度角大于30°）用竖盘指标水准管微动螺旋使水准管气泡居中，读取竖直度盘读数。并根据实训十所述的方法，求出其竖直角 $\alpha_{左}$。

（2）再以盘右位置照准此目标，用同样方法求出其竖直角 $\alpha_{右}$。

（3）若 $\alpha_{左} \neq \alpha_{右}$，说明有指标差，应进行校正。

2）校正方法

（1）计算出正确的竖直角 α。

$$\alpha = \frac{1}{2}(\alpha_{左} + \alpha_{右})$$

（2）仪器仍处于盘右位置不动，不改变望远镜所照准的目标。再根据正确的竖角 α 和竖直度盘刻画特点求出盘右时竖直度盘的正确读数值，并用竖直指标水准管微动螺旋使竖直度盘指标对准正确读数值。这时，竖盘指标水准管气泡不再居中。

（3）用拨针拨动竖盘指标水准管上、下校正螺钉，使气泡居中。即消除了指标差，达到了检校的目的。

对于有竖盘指标自动归零补偿装置的经纬仪，其指标差的检验和校正方法如下：

1）检验方法

经纬仪整平后，对同一高度的目标进行盘左、盘右观测，若盘左位置读数为 L，盘右位置读数为 R，则指标差 X 按下式计算：

$$X = \frac{(L + R) - 360°}{2}$$

若 X 的绝对值大于 30″,则应进行校正。

2)校正方法

取下竖盘立面仪器外壳上的指标差盖板,可见到两个带孔螺钉,松开其中一个螺钉,拧紧另一个螺钉能使垂直光路中一块平板玻璃产生转动而达到校正的目的,仪器校正完毕后应检查校正螺钉是否紧固可靠,以防脱落。

7. 光学对点器的检验与校正

目的:使光学垂线与竖轴重合。

1)检验方法

(1)对点器安装在基座上的仪器:将仪器水平放置在桌面上并固定仪器(仪器基座距墙约 1.3m),通过对点器标注墙上目标 a,转动基座 180°,再看十字丝是否与 a 重合,若重合条件满足,否则需要校正。

(2)对点器安装在照准部上的仪器:安置经纬仪于脚架上,移动放置在脚架中央地面上标有 a 点的白纸,使十字丝中心与 a 点重合。转动仪器 180°,再看十字丝中心是否与地面 a 目标重合,若重合条件满足,否则需要校正。

2)校正方法

仪器类型不同则校正部位不同,但总的来说有两种校正方式:

(1)校正转向直角棱镜,该棱镜在左右支架间用护盖盖着的,校正时用校正螺钉调节偏离量的一半即可。

(2)校正光学对点器目镜十字丝分划板,调节分划板校正螺钉使十字丝退回偏离值的一半即可达到校正的目的。

四、注意事项

(1)经纬仪检校是很精细的工作,必须认真对待。

(2)发现问题及时向指导教师汇报,不得自行处理。

(3)各项检校顺序不能颠倒,在检校过程中要同时填写实训报告。

(4)检校完毕,要将各个校正螺钉拧紧,以防脱落。

(5)每项检校都需重复进行,直到符合要求。

(6)校正后应再作一次检验,看其是否符合要求。

(7)本次实训,只作检验,校正应在指导教师的指导下进行。

五、上交资料

每人上交经纬仪的检验与校正实训报告,实训报告格式见《工程测量实训报告》实训十一。

实训十二　钢尺一般量距与罗盘仪定向

一、技能目标

(1)练习在地面上标定直线及用普通钢尺丈量距离。

(2)学会用罗盘仪测定直线的磁方位角。

二、仪器与工具

(1)由仪器室借领:20m 钢尺 1 卷、花杆 3 根、测钎 1 束、木桩 3 个、斧子 1 把、记录板 1 块、书包 1 个、罗盘仪 1 架。

(2)自备:计算器、铅笔、小刀、计算用纸。

三、实训方法与步骤

(1)指导老师讲解本次实训的内容和方法。

(2)在实训场地上相距 60 ~ 80m 的 A 点和 B 点各打一木桩,作为直线端点桩,木桩上钉小铁钉或画十字线作为点位标志,木桩高出地面约 2cm。

(3)进行直线定线,如图 2-11 所示。

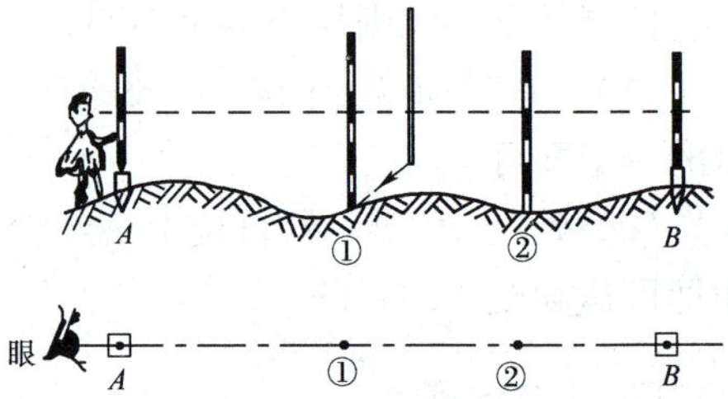

图　2-11

先在 A、B 两点立好标杆,观测员甲站在 A 点标杆后面 1m 左右,用单眼通过 A 标杆一侧瞄准 B 标杆同一侧,形成视线,观测员乙拿着一根标杆到欲定点①处,侧身立好标杆,根据甲的指挥左右移动。当甲观测到①点杆在 AB 同一侧并与视线相切时,喊"好",乙即在①点做好标志,插一测钎,这时①点就是直线 AB 上的一点。同法可定出②点等位置。如需将 AB 线延长,则可仿照上述方法,在 AB 直线延长线上定线。

(4)丈量距离,如图 2-12 所示。

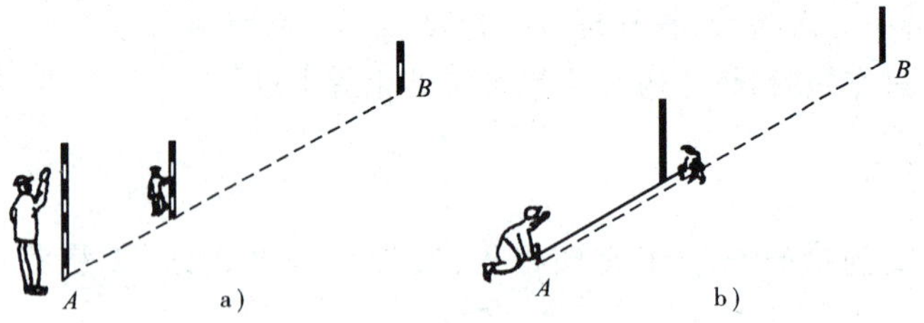

图　2-12

①后尺手拿尺的末端在 A 点后面,前尺手拿尺的零端,标杆和测钎沿 A-B 方向前进,走到约一整尺段时停止前进并立标杆,听从后尺手指挥,把标杆立在 AB 直线上,做好记号。

②前、后尺手都蹲下,后尺手把尺终点对准起点 A 的标志,喊"预备",前尺手把尺通过定线时所作的记号,两人同时把尺拉直,拉力大小适当,尺身要保持水平,当尺拉稳后,后尺手喊"好",这时前尺手对准尺的零点刻画,在地面竖直地插入一根测钎,如图 2-11 中的①点,插好后喊"好",这样就量完了一个整尺段。

③前、后尺手抬尺前进，当后尺手到达①点测钎后，重复上述操作，丈量第二整尺段，得到②点，量好后继续向前丈量，后尺手依次收回测钎，一根测钎代表一个整尺段。丈量到 B 点前的最后一段，由前尺手对零，后尺手读出该不足整尺段长度。

④计算总长度。这就完成了往量的任务。

(5)再用上述①、②、③的方法进行返量。取往返丈量的平均值作为这段距离的量测值，即 $D_{AB}=\frac{1}{2}(D_{AB往}+D_{AB返})$。

(6)轮换工作再进行往返丈量。

(7)在记录表中进行成果整理和精度计算。直线丈量相对误差要小于$\frac{1}{2000}$。

(8)如果丈量成果超限，要分析原因并进行重量，直至符合要求为止。

(9)用罗盘仪测定其磁方位角：

①将罗盘仪安置在 A 点，进行整平和对中。

②瞄准 B 点的花杆后，放松磁针制动螺旋。

③待磁针静止后，读出磁针在刻度盘上所标的读数即为直线 AB 的磁方位角。

④再将罗盘仪安置在 B 点上，用上述①、②、③的方法测定直线 BA 的磁方位角进行校核。

(10)在所量直线上进行步长测定。测出每个学生的正常步长量。

四、注意事项

(1)本次实训内容多，各组同学要互相帮助，以防出现事故。

(2)借领的仪器、工具在实训中要保管好，防止丢失。

(3)使用罗盘仪时，用完后务必把磁针托起，以免磁针脱落。

(4)钢尺切勿扭折或在地上拖拉。用后要用油布擦净，然后卷入盒中。

五、上交资料

(1)每组上交合格的记录表一份，距离丈量记录表格式见《工程测量实训报告》实训十二。

(2)每人上交实训报告，实训报告格式见《工程测量实训报告》实训十二。

实训十三　大平板仪的认识与测图

一、技能目标

(1)认识大平板仪的结构及作用。

(2)学习大平板仪的安置和测图方法。

二、仪器与工具

(1)由仪器室借领:大平板仪1套、花杆3根、塔尺1根、比例尺1根、测伞1把、盒尺1卷、三角板1副、图纸2张。

(2)自备:计算器、铅笔、小刀、橡皮、草稿纸。

三、实训方法与步骤

1. 大平板仪的构造及功能

(1)照准仪——由望远镜、竖盘、支柱、直尺组成,其功能同经纬仪相似。

(2)图板——同经纬仪的水平度盘功能相似。

(3)水准器——用于整平图板。

(4)对点器——用于对中。

(5)定向罗盘——用于标定图板方向。

2. 平板仪的安置(见图2-13)

1)初步安置

(1)粗定向——在测站点上架好三脚架,安上图板,左右水平旋转图板,使图上 ab 线和实地 AB 方向大体一致。

(2)粗整平——上下旋转脚螺旋,目估使图板基本水平。

(3)粗对中——在不破坏粗定向和粗整平的情况下,整体移动三脚架使 a 点大致在站点 A 正上方。

2)精确安置

(1)对中——将对点器尖端对准 a 点,在架头上移动图板,直至垂球尖对准地面点 A,使其符合限差要求。

(2)整平——调节基座上的脚螺旋使水准管气泡居中。

(3)定向——将照准仪直尺边紧靠图纸上已知直线 ab,转动图板瞄准 B 点。

图 2-13

3. 碎部测量

(1)如图2-13所示,将地形尺立在某一地物或地貌的特征点。

(2)量取仪器高 i(桩顶至照准仪横轴的高度)。

(3)照准仪的直尺边紧靠在图上 a 点,照准碎部点的标尺,读取十字丝中丝的读数 v(或用十字丝中丝对准标尺上的仪器高处)及尺间隔 n,并记入碎部测量记录表中。

(4)调节竖盘水准管,待气泡居中后读取竖直角 α,并记入碎部测量记录表中。
(5)根据视距公式求出两点间平距和高差,并推算出碎部点高程 H。
(6)绘图员(观测者)按测图比例尺在图上标定该点,并在旁边注明其高程。
(7)利用同样方法测出其他地形特征点,然后描绘出地物轮廓线或勾绘等高线。

四、注意事项

(1)平板仪安置高度要适中。
(2)定向边的直线长度不宜过短(一般大于图上 ±8cm)。
(3)测图时要注意平板不能被旋转和碰动,应经常检查定向方向和图板的水平程度。
(4)测图过程中,直尺边一定要紧靠在图上的测站点上。
(5)一个独立的地物、地貌特征点测完后,应及时勾绘地物轮廓线或等高线。

五、上交资料

(1)每组上交合格的记录表一份,碎部测量记录表格式见《工程测量实训报告》实训十三。
(2)每人上交实训报告,实训报告格式见《工程测量实训报告》实训十三。

实训十四　经纬仪测绘法测图

一、技能目标

(1)熟悉经纬仪测绘法测图的施测过程。

(2)熟悉用经纬仪测绘法施测碎部点。

二、仪器与工具

(1)由仪器室借领:经纬仪1台、小平板1套、三角板1副、量角器1个、记录板1块、花杆1根、视距尺1根、大头针5枚、比例尺1把、卷尺1盒、图纸2张、测伞1把、测旗1面、书包1个。

(2)自备:计算器、铅笔、小刀、橡皮、分规、草稿纸。

三、实训方法与步骤

(1)在选定的测站上安置经纬仪,量取仪器高,并在经纬仪旁边架设小平板(图纸已粘在小平板上)。

(2)用大头针将量角器中心与小平板图纸上已展绘出的该测站点固连。

(3)选择好起始方向(另一控制点)并标注在小平板的格网图纸上。

(4)经纬仪盘左位置照准起始方向后,水平度盘设置成00°00′00″。

(5)用经纬仪望远镜的十字丝中丝照准所测地形点视距尺上的“便利高”分画处的标志,读取水平角、竖盘读数(计算出竖直角)及视距间隔,算出视距,并用视距和竖直角计算高差和平距,同时根据测站点的假定高程计算出此地形点的高程。

(6)绘图人员用量角器从起始方向量取水平角,定出方向线,在此方向线上依测图比例尺量取平距,所得点位就是把该地形点按比例尺测绘到图纸上的点,然后在点的右旁标注其高程。

(7)用同样的方法,可将其他地形特征点测绘到图纸上,并描绘出地物轮廓线或等高线。

(8)人员分工是一人观测、一人绘图、一人记录和计算、一人跑尺,每人测绘数点后,再交换工作。

四、注意事项

(1)此测图方法,经纬仪负责全部观测任务,小平板只起绘图作用。

(2)起始方向选好后,经纬仪在此方向上要严格设置成00°00′00″。观测期间要经常进行检查,发现问题及时纠正或重测。

(3)在读竖盘读数时,要使竖盘指标水准管气泡居中并应注意修正,因竖盘指标差对竖直角有影响。

(4)记录、计算要迅速准确,保证无误。

(5)测图中要保持图纸清洁,尽量少画无用线条。

(6)仪器和工具比较多,要各负其责,即不出现仪器事故,又不丢失测图工具。

(7)测点高程采用假定高程,碎部点均采用“便利高”法观测。

(8)跑尺者与观测者要按预先约定好的旗语手势进行作业。

五、上交资料

(1)每组上交经纬仪测绘法测图记录表和所测原图各一份,地形测量记录表格式见《工程测量实训报告》实训十四。

(2)每人上交实训报告,实训报告格式见《工程测量实训报告》实训十四。

实训十五　小平板仪与经纬仪联合测图

一、技能目标

(1)熟悉小平板仪与经纬仪联合测图过程。

(2)熟悉用小平板仪与经纬仪联合施测碎部点。

二、仪器与工具

(1)由仪器室借领:经纬仪 1 台、小平板仪 1 套、地形尺 1 根、花杆 1 根、记录板 1 块、比例尺 1 把、卷尺 1 盒、图纸 2 张、测伞 1 把、测旗 1 面、书包 1 个。

(2)自备:计算器、铅笔、小刀、直尺、橡皮、分规、草稿纸。

三、实训方法与步骤

(1)在选定的测站上架设小平板仪(图纸已粘在图板上),并且进行小平板仪的对中、整平及定向工作。

(2)在离小平板仪 2m 远且最好同高的地方架设经纬仪,量取仪器高并把经纬仪的安置点测绘在小平板图纸上,作为所测碎部点量取图上距离的始点。

(3)扶尺者将地形尺立于地形或地物的特征点上,绘图员用小平板上照准仪照准地形尺中心,并画出方向线。

(4)经纬仪观测者用十字丝中照准地形尺的“便利高”标记,读取视距及竖直角,记录员根据所读视距和竖直角把所算好的图上距离和高程报给绘图员,然后绘图员根据所报数据,用小平板方向和图上距离交会其碎部点,并在点旁标注高程。

(5)扶尺者再将地形尺立在其他特征点上,用同样的方法,在图板上绘出这些点,并描绘出地物轮廓线或等高线。

(6)每人测绘数点后,再交换工种。

四、注意事项

(1)小平板仪与经纬仪联合测图是用小平板仪的照准仪照准方向线,故在移动照准仪时不要压磨图板,以防图纸弄脏。最大视距要小于 70mm。

(2)要保证小平板的定向正确,如发现偏离,应马上进行校正,不然会使所测图形与实物发生偏移。

(3)人员分工是一人绘图、一人观测、一人计算、一人跑尺,一定要互相配合。距尺者与观测者要按预先约定好的测旗信号进行作业。

(4)测站高程均采用假定高程。

(5)为了保持图纸清洁,应少画无用线条。

(6)图上量取距离时是以经纬仪站点为量距起点,而不是图根点。

(7)注意保管好测图工具,以防丢失或损坏。

五、上交资料

(1)每人上交实训报告,实训报告格式见《工程测量实训报告》实训十五。

(2)每组上交小平板仪与经纬仪联合所测原图。

实训十六　圆曲线主点测设

一、技能目标

（1）学会路线交点转角的测定方法。

（2）计算圆曲线的主点里程。

（3）熟悉圆曲线主点的测设过程。

二、仪器与工具

（1）由仪器室借领：经纬仪 1 台、花杆 3 根、木桩 3 个、斧子 1 把、测钎 1 束（11 根）、皮尺 1 卷、记录板 1 块、测伞 1 把、书包 1 个。

（2）自备：计算器、铅笔、小刀、计算用纸。

三、实训方法与步骤

（1）在平坦地区定出路线导线的三个交点（JD_1、JD_2、JD_3），如图 2-14 所示，并在所选点上用木桩标定其位置。交点间距离要大于 80m，目估 $\beta_{右} < 145°$。

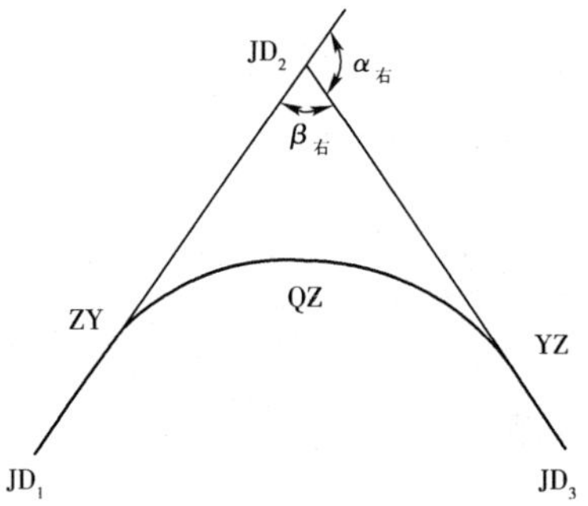

图　2-14

（2）在交点 JD_2 上安置经纬仪，用测回法观测出 $\beta_{右}$，并且计算出转角 $\alpha_{右}$。

$$\alpha_{右} = 180° - \beta_{右}$$

（3）假定圆曲线半径 $R = 100\text{m}$，然后根据 R 和 $\alpha_{右}$，计算曲线测设元素 L、T、E、D。

（4）计算圆曲线主点的里程（假定 JD_2 的里程为 K4 + 296.67）。列表计算如下：

JD_2	K4 + 296.67
−）	T
	ZY
+）	L
	YZ
−）	$L/2$
	QZ
+）	$D/2$
JD_2	K4 + 296.67　　（校核计算）

（5）设置圆曲线主点。

①在 $JD_2 \rightarrow JD_1$ 方向线上，自 JD_2 量取切线长 T 得圆曲线起点 ZY，插一测钎，作为起点桩。

②在 $JD_2 \rightarrow JD_3$ 方向线上，自 JD_2 量取切线长 T 得圆曲线终点 YZ，插一测钎，作为终点桩。

③用经纬仪设置 $\beta_{右}/2$ 的方向线，即 $\beta_{右}$ 的角平分线。在此角平分线上自 JD_2 量取外距 E，得圆曲线中点 QZ，插一测钎，作为中点桩。

(6)站在曲线内侧观察 ZY、QZ、YZ 桩是否有圆曲线的线形，以作为概略校核。

(7)交换工种后再重复(5)的步骤，看两次设置的主点位置是否重合。如果不重合，而且差得太大，那就要查找原因，重新测设。如在容许范围内，则点位即可确定。

四、注意事项

(1)为使实训直观便利，克服场地的限制，本次实训规定 $30° < \alpha_{右} < 40°$，$R = 100m$。在实训过程中应及时填写实训报告。

(2)计算主点里程时要两人独立计算，加强校核，以防算错。

(3)本次实训事项较多，小组人员要紧密配合，保证实训顺利完成。

五、上交资料

(1)每人上交圆曲线主点里程计算表一份，每组上交主点测设草图一张。

(2)每人上交实训报告，实训报告格式见《工程测量实训报告》实训十六。

实训十七　切线支距法详细测设圆曲线

一、技能目标

(1)学会用切线支距法详细测设圆曲线。

(2)掌握切线支距法测设数据的计算及测设过程。

二、仪器与工具

(1)由仪器室借领:经纬仪 1 台、皮尺 1 卷、斧子 1 把、花杆 3 根、测钎 1 束、方向架 1 个、记录板 1 块、木桩 5 个、测伞 1 把、书包 1 个。

(2)自备:计算器、铅笔、小刀、记录计算用纸。

三、实训方法与步骤

(1)在实训前首先按照本次实训所给的实例计算出所需测设数据(实例见后,计算表格见《工程测量实训报告》实训十七)。

(2)根据所算出的圆曲线主点里程设置曲线主点,其设置方法与实训十六相同。

(3)将经纬仪置于圆曲线起点(或终点),标定出切线方向,也可以用花杆标定切线方向。

(4)根据各里程桩点的横坐标用皮尺从曲线起点(或终点)沿切线方向量取 x_1、x_2、x_3…,得垂足 N_1、N_2、N_3,并用测钎标记之,如图 2-15 所示。

(5)在垂足 N_1、N_2、N_3…各点用方向架标定垂线,并沿此垂线方向分别量出 y_1、y_2、y_3…,即定出曲线上 P_1、P_2、P_3…各桩点,并用测钎标记其位置。

(6)从曲线的起(终)点分别向曲线中点测设,测设完毕后,用丈量所定各点间弦长来校核其位置是否正确。也可用弦线偏距法进行校核。

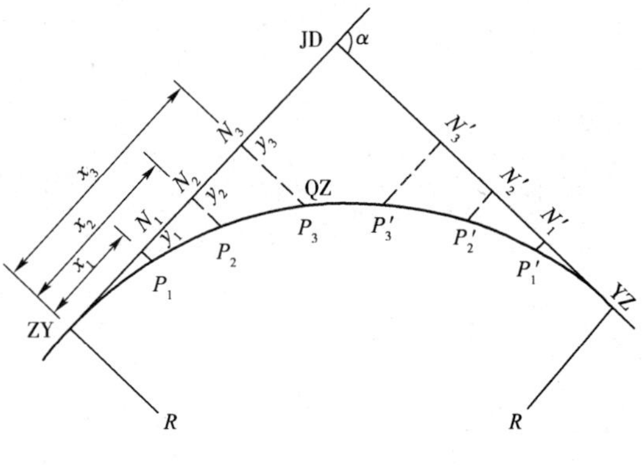

图　2-15

四、注意事项

(1)本次实训是在实训十六的基础上进行的,所以对实训十六的方法及要领要了如指掌。

(2)应在实训前将实例的全部测设数据计算出来,不要在实训中边算边测,以防时间不够或出错(如时间允许,也可不用实例直接在现场测定右角后进行圆曲线的详细计算测设)。

五、实例

已知:圆曲线的半径 $R = 100\text{m}$,转角 $\alpha_{右} = 34°30'$,JD_2 的里程为 K4 + 296.67,桩距 $l_0 = 10\text{m}$,按整桩距法设桩,试计算各桩点的坐标(x,y),并详细设置此圆曲线。

(1)测定右角(在 JD_2 上安置仪器)。

观测点	盘左读数	盘右读数
JD_1		
JD_3		
半测回角值		
测回角值(右角)		

(2)计算转角和测设元素。

转角号	JD_2	K4 +296.67
路线右侧角值		145°30′
转角	向右	34°30′
	向左	

R(半径)=100m；　　T(切线长)=　　m；

E(外距)=　　m；　　L(曲线长)=　　m。

(3)计算主点里程。

JD_2	K4 +296.67
−)	T
	ZY
+)	L
	YZ
−)	$L/2$
	QZ
+)	$D/2$
JD_2	K4 +296.67　　(校核计算)

(4)计算各桩点的坐标(x、y)(按整桩距法计算)。

(5)标定 JD_2，并在其上安置经纬仪，再选定 JD_1 用经纬仪配置 $\alpha_{右}=34°30'$，标定 JD_2。

(6)进行圆曲线主点测设，参见实训十六。

(7)用切线支距法详细测设圆曲线。参见本次实训方法与步骤。

(8)绘制测设草图。

六、上交资料

(1)每组上交测设草图一份。

(2)每人上交实训报告，实训报告格式见《工程测量实训报告》实训十七。

实训十八　偏角法详细测设圆曲线

一、技能目标

(1)学会用偏角法详细测设圆曲线。

(2)掌握偏角法测设数据的计算及测设方法。

二、仪器与工具

(1)由仪器室借领:经纬仪1台、皮尺1卷、斧子1把、花杆3根、测钎1束、记录板1块、木桩5个、测伞1把、书包1个。

(2)自备:计算器、铅笔、小刀、计算用纸。

三、实训方法与步骤

(1)在实训前首先按照本次实训所给的实例计算出所需测设数据(实例见后面,计算表格见《工程测量实训报告》实训十八)。

(2)根据所算出的圆曲线主点里程设置圆曲线主点,其设置方法与实训十六相同。

(3)将经纬仪置于圆曲线起点 A(ZY),水平度盘设置起始读数 $360° - \Delta_A$,后视交点 JD_2 得切线方向,如图2-16所示。

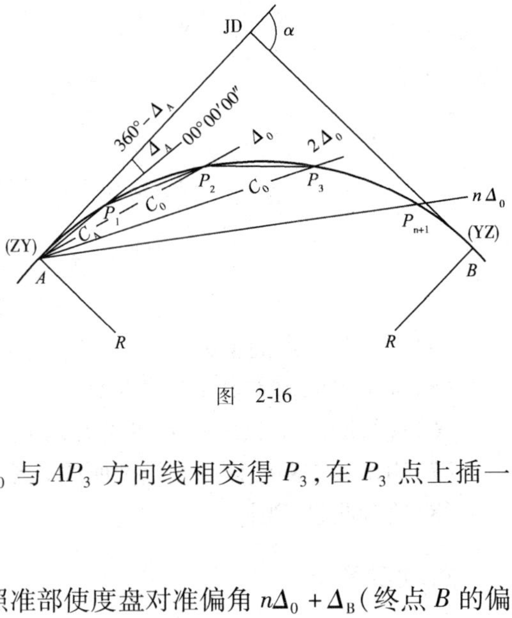

图　2-16

(4)转动照准部,使水平度盘读数为00°00′00″(P_1 点的偏角读数),得 AP_1 方向,沿此方向从 A 点量出首段弦长 C_A 得整桩 P_1,在 P_1 点上插一测钎。

(5)对照所计算的偏角表,转动照准部,使度盘对准整弧段 l_0 的偏角 Δ_0(P_2 点的偏角读数),得 AP_2 方向,从 P_1 点量出整弧段弦长 C_0 与 AP_2 方向线相交得 P_2 点,在 P_2 点上插一测钎。

(6)转动照准部,使度盘对准 $2l_0$ 的偏角 $2\Delta_0$(P_3 点的偏角读数)和 AP_2 方向,从 P_2 点量出 C_0 与 AP_3 方向线相交得 P_3,在 P_3 点上插一测钎。

(7)以此类推定出其他各整桩点。

(8)最后应闭合于曲线终点 B(YZ),当转动照准部使度盘对准偏角 $n\Delta_0 + \Delta_B$(终点 B 的偏角读数)得 AB 方向,从 P_n 点量出尾弧段弦长 C_a 与 AB 方向线相交,其交点应为原设的YZ点,如两者不重合,其闭合差一般不得超过如下规定:

半径方向:横向 ±0.1m;

切线方向:纵向 $\pm\frac{L}{1000}$;L 为曲线长。否则应检查原因,进行改正或重测。

如果经纬仪置于曲线终点 B(YZ)上,反拨偏角测设圆曲线(即路线为左转角时正拨偏角测设圆曲线),其测设方法与正拨偏角测设方法基本相同。所不同之处就是反拨偏角值等于360°减去拨偏角。

(9)绘制测设曲线草图。

四、注意事项

(1)本次实训是在实训十六的基础上进行的,故对实训十六的方法及要领应了如指掌。

(2)应在实训前将算例的全部测设数据计算出来,不能在实训中边算边测,以防时间不够或出错(如时间允许,也可不用实例,直接测定右角后进行圆曲线的详细测设)。

五、实例

已知:圆曲线的半径 $R=100\text{m}$,转角 $\alpha_{右}=34°30'$,JD_2 的里程为 K4 +296.67,桩距 $l_0=10\text{m}$,按整桩号法设桩,试计算各桩点的偏角值,并详细设置此圆曲线。

(1)测定右角(在 JD_2 安置仪器)。

观 测 点	盘 左 读 数	盘 右 读 数
JD_1		
JD_2		
半测回角值		
测回角值(右角)		

(2)计算转角和测设元素。

转角号		JD_2	K4 +296.67
路线右侧角值:			145°30′
转角	向右		34°30′
	向左		

R(半径) =100m;　　T(切线长) =　　m;

E(外距) =　　m;　　L(曲线长) =　　m。

(3)计算主点里程。

JD_2	K4 +296.67
−)	T
	ZY
+)	L
	YZ
−)	$L/2$
	QZ
+)	$D/2$
JD_2	K4 +296.67　(校核计算)

(4)计算各桩点的偏角值(按整桩号法计算)。

(5)标定 JD_2,并在其上安置经纬仪,再选定 JD_1 用经纬仪设置 $\alpha_{右}=34°30'$,标定 JD_3。

(6)进行圆曲线主点测设,参见实训十六。

(7)用偏角法详细测设圆曲线,参见本次实训方法与步骤。

(8)绘制测设草图。

六、上交资料

(1)每组上交测设草图一份。
(2)每人上交实训报告,实训报告格式见《工程测量实训报告》实训十八。

实训十九　用切线支距法测设带有缓和曲线段的平曲线

一、技能目标

(1)学会用切线支距法测设带有缓和曲线段的平曲线。

(2)学会计算曲线测设所需数据。

二、仪器与工具

(1)由仪器室借领:经纬仪 1 台、钢尺或皮尺 1 卷、十字方向架 1 个、花杆 3 根、测钎 2 束、记录板 1 块、工具包 1 个、木桩若干、斧子 1 把、测伞 1 把。

(2)自备:计算器、铅笔、小刀、计算用纸。

三、实训方法与步骤

当时间较紧时,应在实训前按照本次实训所给的实例计算出测设曲线所需的数据,并按实例所述方法完成本次实训(实例见后)。

1. 主点测设

(1)选定 JD_1、JD_2、JD_3,目估使路线转角为 35°左右,相邻交点间距不小于 80m。

(2)在 JD_2 安置经纬仪,测定右角、分角线方向,并计算转角。

(3)假定 JD_2 的里程桩号,根据实训场地的具体情况选定曲线半径 R、缓和曲线长 L_s。

(4)计算曲线元素。

(5)计算曲线主点的里程桩号。

(6)测设曲线主点:

①自 JD_2 沿 $JD_2 \to JD_1$ 方向量切线长 T_h 得 ZH 点。

②自 JD_2 沿 $JD_2 \to JD_3$ 方向量切线长 T_h 得 HZ 点。

③自 JD_2 沿分角线方向量外距 E_h 得 QZ 点。

④自 ZH 沿切线向 JD_2 量 x_h 得 HY 点对应的垂足位置,在该垂足位置用十字方向架定出垂线方向,并沿垂线方向量 y_h 即得 HY 点。

⑤由 HZ 沿切线向 JD_2 量 x_h 得 YH 点对应的垂足位置,在该垂足位置用十字方向架定出垂线方向,并沿垂线方向量 y_h 即得 YH 点。

2. 详细测设

(1)计算各桩的测设数据 x、y。

①ZH ~ HY 段:以 ZH 为坐标原点,用下式计算:

$$x = l - \frac{l^5}{40R^2L_s^2}$$

$$y = \frac{l^3}{6RL_s}$$

式中:l = 待测桩桩号 - ZH 桩号。

②HY ~ QZ 段:以 HY 为坐标原点,用下式计算:

$$x = R\sin\frac{l}{R}$$

$$y = R(1 - \cos\frac{l}{R})$$

式中:l = 待测桩桩号 - HY 桩号。

③HZ ~ YH 段:以 HZ 为坐标原点,用下式计算:

$$x = l - \frac{l^5}{40R^2L_s^2}$$

$$y = \frac{l^3}{6RL_s}$$

式中:l = HZ 桩号 - 待测桩桩号。

④YH ~ QZ 段:以 HZ 为坐标原点,用下式计算:

$$x = R\sin\frac{l}{R} + q$$

$$y = R(1-\cos\frac{l}{R}) + p$$

式中:l = YH 桩号 - 待测桩桩号。

(2)测设 ZH ~ HY 段。

①如图 2-17 所示,自 ZH 点沿切线向 JD_2 量 P_1、P_2…的坐标 x_1、x_2…得垂足 N_1、N_2…,并用测钎标记。

②依次在 N_1、N_2…用十字方向架定出垂线方向,分别沿各垂线方向量坐标 y_1、y_2…,即得 P_1、P_2…桩位,钉木桩或用测钎标记。

(3)测设 HY ~ QZ 段。

①如图 2-18 所示,自 ZH 点沿切线向 JD_2 量 t_d,该点与 HY 点的连线即为 HY 点的切线方向。

②自 HY 点沿 HY 点的切线方向量 P_1、P_2…的坐标 x_1、x_2…得垂足 N_1、N_2…,并用测钎标记。

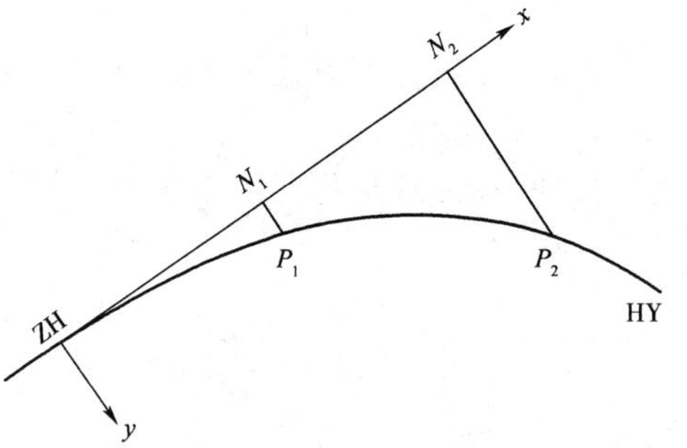

图 2-17

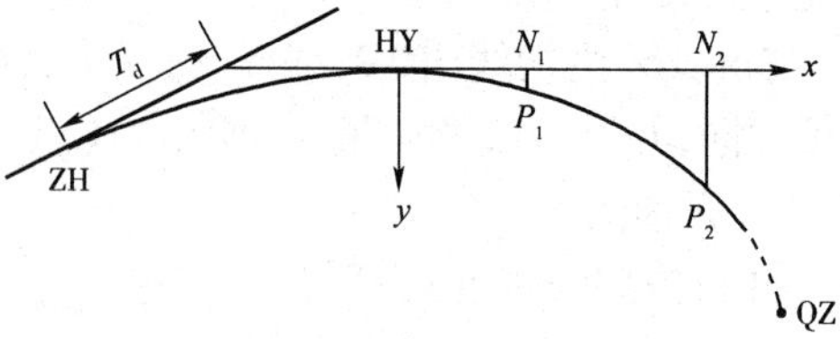

图 2-18

③依次在 N_1、N_2…用十字方向架定出垂线方向,分别沿各垂线方向量坐标 y_1、y_2…,即得 P_1、P_2…桩位,钉木桩或用测钎标记。

(4)测设 HZ ~ YH 段。

①如图 2-19 所示,自 HZ 点沿切线向 JD_2 量 P_1、P_2…的坐标 x_1、x_2…得垂足 N_1、N_2…,并用测钎标记。

②依次在 N_1、N_2…用十字方向架定出垂线方向,分别沿各垂线方向量坐标 y_1、y_2…,即得

P_1、P_2…桩位，钉木桩或用测钎标记。

(5)测设 YH ~ QZ 段。

①如图 2-22 所示，自 HZ 点沿切线向 JD_2 量 P_n、P_{n+1}…的坐标 x_n、x_{n+1}…得垂足 N_n、N_{n+1}…，并用测钎标记。

②依次在 N_n、N_{n+1}…用十字方向架定出垂线方向，分别沿各垂线方向量坐标 y_n、y_{n+1}…，即得 P_n、P_{n+1}…桩位，钉木桩或用测钎标记。

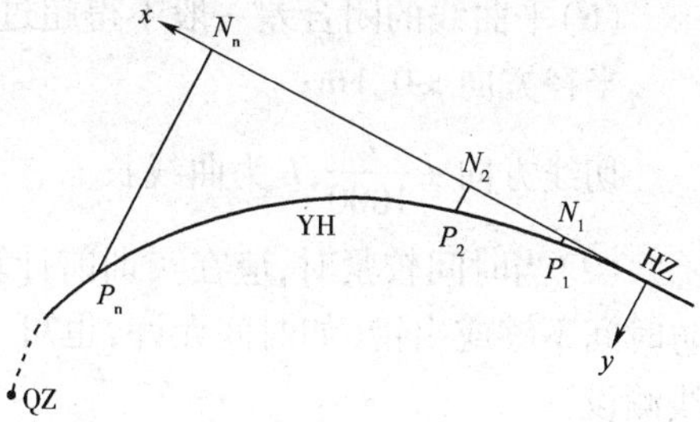

图 2-19

3. 校核

目测所测平曲线是否顺适，并丈量相邻桩间的弦长进行校核。

4. 绘制测设曲线草图

四、实例

已知：JD_2 的里程桩号为 K0 + 986.38，转角 $\alpha_{右} = 35°30'$，曲线半径 $R = 100m$，缓和曲线长 $L_s = 35m$（也可根据实训场地的具体情况改用其他数据）。要求桩距为 10m，用切线支距法详细测设此曲线（将计算结果填入实训报告中，实训报告见《工程测量实训报告》实训十九）。

(1)计算曲线元素。

(2)计算曲线主点的里程桩号。

(3)计算各桩的测设数据 x、y。参见本次实训方法与步骤。

(4)按给定的转角标定路线交点：

①选定 JD_2、JD_3，在 JD_2 安置经纬仪。

②盘左：以 $JD_2 \to JD_3$ 为零方向顺时针拨角 $\beta_{右} = 180° - \alpha_{右}$ 得 A_1 点（A_1 应接近 JD_1 的欲定位置）。

③盘右：以 $JD_2 \to JD_3$ 为零方向顺时针拨角 $\beta_{右} = 180° - \alpha_{右}$ 得 A_2 点（A_2 应接近 JD_1 的欲定位置）。

④取 A_1、A_2 的中点为 JD_1。

⑤以 $JD_2 \to JD_3$ 为零方向顺时针拨角 $\frac{1}{2}\beta_{右} = \frac{1}{2}(180° - \alpha_{右})$ 得分角线方向。

(5)测设曲线主点。参见本次实训方法与步骤。

(6)用切线支距法详细测设平曲线。参见本次实训方法与步骤。

(7)绘制测设曲线草图。

五、注意事项

(1)计算测设数据时要细心。曲线元素经复核无误后才可计算主点桩号，主点桩号经复核无误后才可计算各桩的测设数据。各桩的测设数据经复核无误后才可进行测设。

(2)在计算各桩的测设数据 x、y 时，注意不要用错计算公式。

(3)曲线加桩的测设是在主点桩测设的基础上进行的，因此，测设主点桩时要十分细心。

(4)在丈量切线长、外距、x、y 时，尺身要水平。

(5)当 y 值较大时，用十字方向架定垂线方向一定要细心，把垂线方向定准确，否则会产生较大的误差。

(6)平曲线的闭合差一般不得超过以下规定：

半径方向 ±0.1m；

切线方向 $\pm\frac{L}{1000}$，L 为曲线长。

(7)当时间较紧时，应在实训前计算好测设曲线所需的数据，不能在实训中边算边测，以防时间不够或出错（如时间允许，也可不用实例，而在现场直接选定交点、测定转角后进行曲线测设）。

六、上交资料

每人上交实训报告，实训报告格式见《工程测量实训报告》实训十九。

实训二十　用偏角法测设带有缓和曲线段的平曲线

一、技能目标

(1)学会用偏角法测设带有缓和曲线段的平曲线。

(2)学会计算曲线测设所需数据。

二、仪器与工具

(1)由仪器室借领:经纬仪 1 台、钢尺或皮尺 1 卷、花杆 3 根、测钎 2 束、记录板 1 块、工具包 1 个、木桩若干、斧头 1 把、测伞 1 把。

(2)自备:计算器、铅笔、小刀、计算用纸。

三、实训方法与步骤

当时间较紧时,应在实训前按照本次实训所给的实例计算出测设曲线所需的数据,并按实例所述方法完成本次实训(实例见后)。

1. 主点测设

(1)选定 JD_1、JD_2、JD_3,目估使路线转角为 35°左右,相邻交点间距不小于 80m。

(2)在 JD_2 安置经纬仪,测定右角、分角线方向,并计算转角。

(3)假定 JD_2 的里程桩号,根据实训场地的具体情况选定曲线半径 R、缓和曲线长 L_s(也可采用后面算例中的数据)。

(4)计算曲线元素。

(5)计算曲线主点的里程桩号。

(6)测设曲线主点 ZH、QZ、HZ。

①自 JD_2 沿 $JD_2 \rightarrow JD_1$ 方向量切线长 T_h 得 ZH 点。

②自 JD_2 沿分角线方向量外距 E_h 得 QZ 点。

③自 JD_2 沿 $JD_2 \rightarrow JD_3$ 方向量切线长 T_h 得 HZ 点。

2. 详细测设

(1)计算各桩的测设数据:偏角、弦长及对应的水平度盘读数。

①ZH ~ HY 段:以 ZH 为测站点,$ZH \rightarrow JD_2$ 方向为零方向,用弧长代替弦长,用下式计算偏角:

$$\Delta = \frac{l^2}{6RL_s} \cdot \frac{180^\circ}{\pi}$$

式中:l = 待测桩桩号 − ZH 桩桩号。

②HZ ~ YH 段:以 HZ 为测站点,$HZ \rightarrow JD_2$ 方向为零方向,用弧长代替弦长,用下式计算偏角:

$$\Delta = \frac{l^2}{6RL_s} \cdot \frac{180^\circ}{\pi}$$

式中:l = HZ 桩桩号 − 待测桩桩号。

③HY ~ YH 段:以 HY 为测站点,$HY \rightarrow ZH$ 方向为零方向,用下式计算偏角、弦长:

$$\Delta = \frac{l}{2R} \cdot \frac{180^\circ}{\pi}$$

$$c = 2R\sin\frac{l}{2R}$$

式中：l = 待测桩桩号 - HY 桩桩号。

(2)测设 ZH ~ HY 段。

①在 ZH 点安置经纬仪，以 ZH→JD_2 方向为起始方向，将该方向的水平度盘读数设置为 00°00′00″。如图 2-20 所示。

②拨 P_1 对应的偏角 Δ_1，即转动照准部找到 P_1 对应的水平度盘读数 Δ_1 得ZH→P_1方向，自 ZH 沿此方向量$\overset{\frown}{ZH P_1}$对应的弦长得 P_1 桩位，钉木桩或用测钎标记。

③转动照准部找到 P_2 对应的水平度盘读数 Δ_2 得 ZH→P_2 方向，自 P_1 点量$\overset{\frown}{P_1 P_2}$对应的弦长与此方向交会得 P_2，钉木桩或用测钎标记。

④按③所述方法测设 ZH ~ HY 段其余各中桩。

⑤转动照准部找到 HY 对应的水平度盘读数 Δ_h 得 ZH→HY 方向，沿此方向量 c_h 即得 HY 点。

⑥丈量 HY 与前一中桩之间的弦长进行校核，若误差超限应重测 ZH ~ HY 段。

(3)测设 HZ ~ YH 段。

方法与测设 ZH ~ HY 段类同(在 HZ 点安置经纬仪，将 HZ→JD_2 方向的水平度盘读数设置为 00°00′00″。P_n 方向的水平度盘读数应为 Δ_n)。

(4)测设 HY ~ YH 段。

①在 HY 点安置经纬仪，以 HY→ZH 方向为起始方向，将该方向的水平度盘读数设置为 $180^\circ - \frac{2}{3}\beta_0$。此时，水平度盘读数为 00°00′00″的方向即为 HY 点的切线方向，如图 2-21 所示。

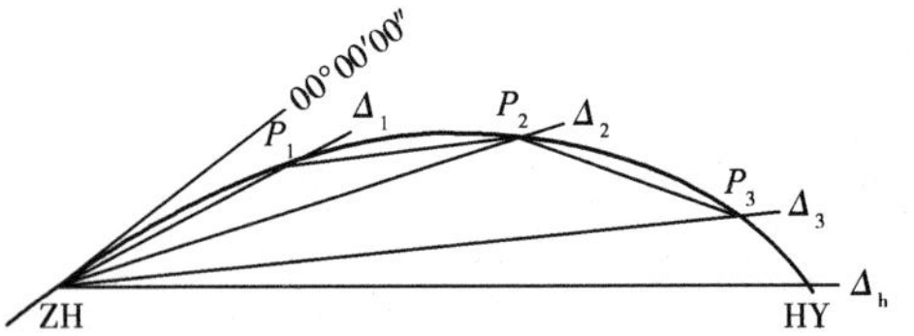

图 2-20

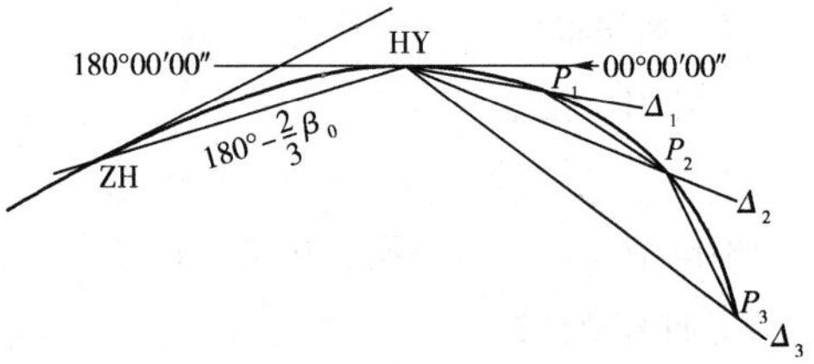

图 2-21

②拨 P_1 对应的偏角 Δ_1，即转动照准部找到 P_1 对应的水平度盘读数 Δ_1 得 HY→P_1 方向，自 HY 沿此方向量$\overset{\frown}{HY P_1}$对应的弦长得 P_1，钉木桩或用测钎标记。

③转动照准部找到 P_2 对应的水平度盘读数 Δ_2 得 HY→P_2 方向，自 P_1 点量$\overset{\frown}{P_1 P_2}$对应的弦长与此方向交会得 P_2，钉木桩或用测钎标记。

④按③所述方法测设 HY ~ QZ 段其余各桩并测出 QZ，与用主点测设方法测出的 QZ 位置比较，若误差超限，应重测 HY ~ QZ 段。

⑤继续按③所述方法测设至 YH 点，并与(2)测出的 YH 位置比较，若误差超限，应重测 QZ ~ YH 段。

3. 校核

目测所测平曲线是否顺适，并丈量弦长进行校核。

四、实例

已知：JD_2 的里程桩号为 K0 + 986.38，转角 $\alpha_{右} = 35°30'$，曲线半径 $R = 100m$，缓和曲线长 $L_s = 35m$（也可根据实训场地的具体情况改用其他数据）。要求桩距为 10m，用偏角法详细测设此曲线（将计算结果填入实训报告中，实训报告见《工程测量实训报告》实训二十）。

（1）计算曲线元素。

（2）计算曲线主点的里程桩号。

（3）计算各桩的测设数据。参见本次实训方法与步骤。

（4）按给定的转角标定路线交点。

①选定 JD_2、JD_3，在 JD_2 安置经纬仪。

②盘左：以 $JD_2 \to JD_3$ 为零方向顺时针拨角 $\beta_{右} = 180° - \alpha_{右}$ 得 A_1 点（A_1 应接近 JD_1 的欲定位置）。

③盘右：以 $JD_2 \to JD_3$ 为零方向顺时针拨角 $\beta_{右} = 180° - \alpha_{右}$ 得 A_2 点（A_2 应接近 JD_1 的欲定位置）。

④取 A_1、A_2 的中点为 JD_1。

⑤以 $JD_2 \to JD_3$ 为零方向顺时针拨角 $\frac{1}{2}\beta_{右} = \frac{1}{2}(180° - \alpha_{右})$ 得分角线方向。

（5）测设曲线主点 ZH、QZ、HZ。参见本次实训方法与步骤。

（6）用偏角法详细测设平曲线。参见本次实训方法与步骤。

（7）绘制测设草图。

五、注意事项

（1）计算测设数据时要细心。曲线元素经复核无误后才可计算主点桩号，主点桩号经复核无误后才可计算各桩的测设数据。各桩的测设数据经复核无误后才可进行测设。

（2）曲线加桩的测设是在主点桩测设的基础上进行的，因此，测设主点桩时要十分细心。

（3）在丈量切线长、外距、弦长时，尺身要水平。

（4）配置起始方向的水平度盘读数要细心。

（5）平曲线的闭合差一般不得超过以下规定：半径方向 ±0.1m；切线方向 $\pm\frac{L}{1000}$，L 为曲线长。

（6）当时间较紧时，应在实训前计算好测设曲线所需的数据，不能在实训中边算边测，以防时间不够或出错（如时间允许，也可不用实例，而在现场直接选定交点、测定转角后进行曲线测设）。

六、上交资料

每人上交实训报告，实训报告格式见《工程测量实训报告》实训二十。

实训二十一　中平测量

一、技能目标

（1）熟悉中平测量的方法。

（2）学会中平测量的记录及成果计算方法。

二、仪器与工具

（1）由仪器室借领：水准仪1台、水准尺2根、尺垫2个、记录板1块、工具包1个、测伞1把、钢尺1卷、测钎3束、花杆3根、木桩若干。

（2）自备：计算器、铅笔、小刀、计算用纸。

三、实训方法与步骤

（1）选择长约500m的起伏路段，在路段起终点附近分别选定一个水准点BM_1、BM_2，假定水准点BM_1的高程，用基平测量的方法测定两水准点间的高差并计算BM_2的高程（此项工作可利用相关实训的成果或在实训前由教师组织部分学生进行）。

（2）按20m的桩距设置中桩，在桩位处钉木桩或插测钎，并标注桩号（若时间较紧，此项工作也可在实训前由教师组织部分学生进行）。

（3）在测段始点附近的水准点BM_1上竖立水准尺，统筹考虑整个测设过程，选定前视转点ZD_1并竖立水准尺。

（4）如图2-22，在距BM_1、ZD_1大致等远的地方安置水准仪。先读取后视点BM_1上水准尺的读数并记入后视栏；再读取前视点ZD_1上水准尺的读数，将此读数暂记入备注栏中适当的位置以防忘记；依次在本站各中桩处的地面上竖立水准尺并读取读数（可读至cm），将各读数记入中视栏；最后记录前视点ZD_1并将ZD_1的读数记入前视栏。

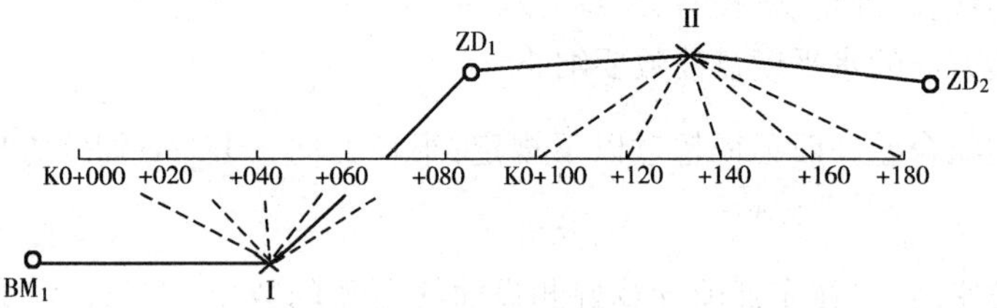

图　2-22

（5）选定ZD_2并竖立水准尺，在距ZD_1、ZD_2大致等远的地方安置水准仪。先读取后视点ZD_1上水准尺的读数并记入后视栏；再读取前视点ZD_2上水准尺的读数，将此读数暂记入备注栏中适当的位置以防忘记；依次在本站各中桩处的地面上竖立水准尺并读取读数（一般可读至cm），将各读数记入中视栏；最后记录前视点ZD_2并将ZD_2的读数记入前视栏。

（6）同上法观测所有中桩并测至路段终点附近的水准点BM_2。

（7）计算中平测量测出的两水准点间的高差$h_{中}$，并与两水准点间的已知高差$h_{基}$进行符合，看是否满足精度要求：

$$h_{中} = \sum 后视读数 - \sum 前视读数$$

(8)计算各中桩的地面高程。

视线高程=后视点高程+后视读数

前视点高程=视线高程-前视读数

中桩地面高程=视线高程-中视读数

四、注意事项

(1)在各中桩处立尺时,水准尺不能放在桩顶,而应紧靠木桩放在地面上。

(2)转点应选在坚实、凸起的地点或稳固的桩顶,当选在一般的地面上时应置尺垫。

(3)前后视读数须读至mm,中视读数一般可读至cm。

(4)转点和测站点的选择要统筹考虑,不能顾此失彼。

(5)视线长一般不宜大于100m。

(6)中平与基平符合时,容许闭合差 $f_{h容}=\pm 50\sqrt{L}$mm,L 为两水准点间的水准路线长度(以km为单位)。

五、上交资料

(1)每人上交中平测量记录表,记录表格式见《工程测量实训报告》实训二十一。

(2)每人上交实训报告,实训报告格式见《工程测量实训报告》实训二十一。

实训二十二　全站仪的认识与使用

一、技能目标

(1)熟悉全站仪的构造及测量功能。

(2)掌握全站仪的一般操作方法。

二、仪器与工具

(1)由仪器室借领:全站仪 1 台、对讲机 1 对、棱镜 1 套、温度计 1 个、气压计 1 个、测伞 1 把、记录板 1 块、工具包 1 个。

(2)自备:铅笔、小刀、草稿纸。

三、Leica 1610/1010 全站仪一般操作方法与步骤

1. 安置仪器

(1)在测站点 A 安置全站仪,对中、整平。如果使用外接电池时,用电缆线连接电池与全站仪。

(2)在测点安置三脚架,进行对中、整平,并将安装好棱镜的棱镜架安装在三脚架上。通过棱镜上的缺口使棱镜对准望远镜,在棱镜架上安装照准用觇板。

2. 检测

开机,检测电池电压,看是否满足测距要求。

3. 测前准备

(1)对全站仪进行设定

①设定距离单位为米、设定距离的小数位数为 3 位。

②设定角度单位为六十进制度(360s)、设定角度的小数位数为 4 位(最小显示为 1″)。

③设定气温单位为℃、设定气压单位与所用气压计的单位一致。

④输入全站仪的测距加常数(测距加常数由仪器检定确定)。

(2)设定显示格式

①设定显示格式一的内容为:Hz、V、◿、$\underline{\triangle}$。

②设定显示格式二的内容为:◿、E、N、H。也可设定显示格式二～九的内容。

4. 测角

与用光学经纬仪测角的不同之处:照准目标后,水平度盘读数 Hz 及竖直度盘读数 V 即直接显示在屏幕上(只要当前显示格式中包含 Hz、V)。

5. 测定距离、高差、坐标及高程

以下(1)～(2)是为坐标测量作准备,当只需测定距离、高差时,可从第(3)开始。

(1)照准控制点 B(可假定),将 AB 方向的水平度盘读数设定为直线 AB 的方位角(可假定,但应尽可能与实际方位一致)。

(2)输入测站点 A 的东坐标 E_0、北坐标 N_0、高程 H_0(可假定)。

(3)量仪器高 h_i 并输入全站仪。

(4)量棱镜高 h_r 并输入全站仪。

(5)测定气温、气压并输入全站仪(输入后屏幕显示的 ppm 值为气象改正比例系数)。

(6)选定距离测量方式为标准测量方式。

(7)用望远镜照准测点的觇板中心,按测距键,施测后屏幕按设定的格式显示测量结果(可翻屏查阅其他显示格式所包含的测量数据)。

(8)在视线方向上竖立标杆棱镜,进行跟踪测距,同时使标杆棱镜沿视线方向移动,屏幕连续显示测量结果,按停止键时结束跟踪测距。

四、拓普康 600 系列全站仪一般测量方法

1. 角度测量

拓普康 600 系列全站仪采用编码度盘绝对法读数。测角时,在角度模式下瞄准左侧目标,使水平度盘归零,旋转照准部瞄准右侧目标,得到该水平角值。

2. 距离测量

全站仪的测距模式有精测模式、跟踪模式、粗测模式三种。精测模式是最常用的测距模式,测量时间约 2.5s,最小显示单位为 1mm;跟踪模式常用于跟踪移动目标或放样时连续测距,最小显示一般为 1cm,每次测距时间约 0.3s;粗测模式测量时间约 0.7s,最小显示单位为 1cm 或 1mm。在距离测量或坐标测量时,可按测距模式键选择不同的测距模式。

如测定 A、B 两点的距离,在 A 点安置全站仪,在 B 点安置棱镜。进入测距模式,输入温度、气压值,全站仪自行完成大气折光改正,再考虑棱镜常数的输入;瞄准棱镜后自动开始测距。

3. 坐标测量

全站仪可直接测算点的坐标。如图 2-23 所示,N 为测站点,M 为后视点,两点坐标已知,设为(X_n,Y_n)和(X_m,Y_m),测定 P 点的坐标。

在测站 N 安置全站仪,进入坐标测量模式,输入温度、气压值和棱镜常数;输入测站点坐标;在主菜单下选"程序"中的"设置方向角",输入测站坐标、后视点坐标,设置 NM 的方向角,瞄准 M 点并确认方向角;照准目标 P,自动测定并显示 P 点坐标。

如测定 P 点的三维坐标时,需输入测站点高程、仪器高、棱镜高。

4. 全站仪极坐标导线测量

使用全站仪进行坐标导线测量(如图 2-24 所示)的步骤是:

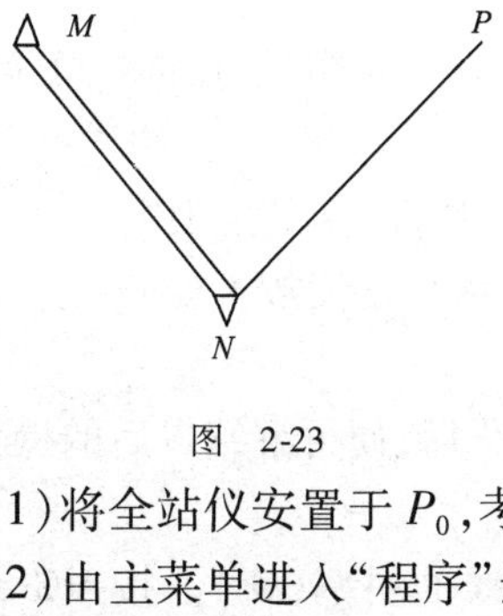

图 2-23

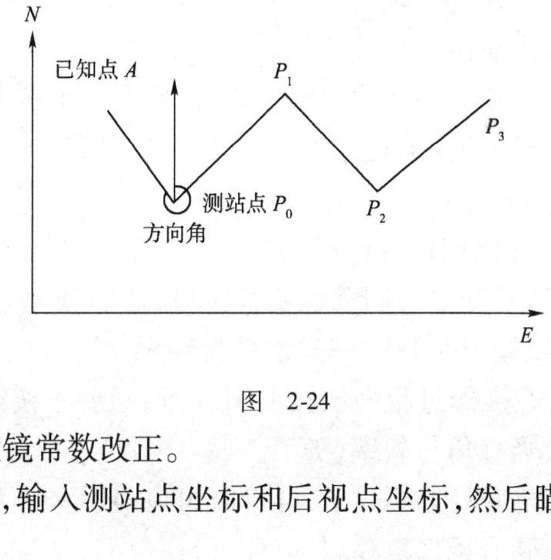

图 2-24

(1)将全站仪安置于 P_0,考虑气象改正和棱镜常数改正。

(2)由主菜单进入"程序"选择"设置方向",输入测站点坐标和后视点坐标,然后瞄准已知后视点 A,确认方向角。

(3)进入“程序”选择“导线测量”,选“存储坐标”,瞄准待测点 P_1 的棱镜,按测量键开始测量,显示水平角和水平距离,按设置键显示 P_1 点的坐标,确认并储存 P_1 点的坐标,返回主菜单后关闭电源,将仪器搬站至 P_1 点。

(4)仪器安置在 P_1 点后,进入“程序”选择“导线测量”,选“调用坐标”,瞄准后视点 P_0,确认方向角。

(5)再选择“导线测量”中的“存储坐标”,瞄准待测点 P_2 的棱镜,按测量键开始测量,显示水平角和水平距离,按设置键显示 P_2 点的坐标,确认并储存 P_2 点的坐标,返回主菜单后关闭电源,重复(4)、(5)依次测量下一个点。

5．按标准距离放样(SO)

在距离测量模式下,考虑气象改正和棱镜常数改正,选放样功能,输入标准距离;瞄准目标棱镜,显示测量距离与标准距离的差值;指挥棱镜前后移动,直到测量距离与标准距离差值为0,即得到放样点位。

6. 按已知坐标放样

(1)开机后,设置气象改正和棱镜常数改正参数。

(2)设置方向。由主菜单进入“程序”,选择“坐标放样”中的“设置方向角”,输入测站点坐标和后视点坐标,然后瞄准已知后视点,确认方向角。

(3)由“程序”选择“设置放样点”,输入放样点的坐标(二维坐标),显示待放样点的放样角度和放样距离。

(4)旋转仪器使放样角度为0,然后指挥棱镜左右移动到放样点的方向上。

(5)测量距离并指挥棱镜前后移动,直到测量距离与标准距离差值为0,即得到放样点位。再继续下一个点位的放样。放样时为了加快速度,提前输入放样点的坐标数据并编号,实地放样时按放样点编号调用即可。

五、南方 NTS—202/205 全站仪一般测量方法

1. 角度测量

1)水平角置“0”

将望远镜瞄准目标 A 后,按 0 SET 键,蜂鸣器开始鸣响,在鸣响停止前再次按 0 SET 键,A 方向的水平角读数变为 00°00′00″。如果在操作中误按 0 SET 键,只要不再按该键就没有关系,当鸣响停止,即可开始以后操作。除水平角锁定状态外,任何时候水平角均可以置0。

2)水平角读数预置

预置 B 方向的水平角为 122°06′30″,可按下法进行:

(1)转动仪器使水平角读数接近 122°06′,水平制动,转水平微动螺旋使水平角读数为 122°06′30″。

(2)按 HOLD 键,蜂鸣器开始鸣响,在鸣响停止前再次按 HOLD 键,水平角锁定。

(3)松开水平制动螺旋,转动仪器照准 B 点(在转动过程中,水平角读数不变)。

(4)按 HOLD 键解除水平角锁定。

若在操作过程中误按 HOLD 键,只要不按第二次,当鸣响停止后,便可继续以后的操作。

3)竖直角与斜率(%)

在角度测量模式下,屏幕既可以显示竖直角,也可以显示视线的斜率(%)。按 V% 键,屏幕交替显示竖直角和斜率(%)。

(1)屏幕显示竖直角如下。

V	80°02′24″
HR	120°52′36″

(2)按 V%键,屏幕显示斜率(%)如下。

V	17.561%
HR	120°52′36″

此时,再按 V%键,屏幕显示竖直角。

4)水平角和竖直角测量

为消除仪器的系统误差,在可能的情况下,一定要进行盘左盘右观测。下面仅说明一个盘位的观测过程。

(1)设置水平角右旋与竖直角测量方式(HR、V)。若屏幕显示的水平角符号为 HL(左旋),按 R/L 键即可变为 HR(右旋),水平角读数也随之改变。

V	92°02′24″
HR	80°52′20″

(2)照准目标 *A*,连续按两次 0 SET 键,设置目标 *A* 的水平角读数为 00°00′00″。

V	92°02′24″
HR	00°00′00″

(3)瞄准目标 *B*,由 *A* 方向右旋(顺时针)至 *B* 方向的水平角为 30°02′22″。

V	81°13′35″
HR	30°02′22″

(4)按 R/L 键,水平角由右旋变为左旋。由 *A* 方向左旋(逆时针)至 *B* 方向的水平角为 329°57′38″。

V	81°13′35″
HL	329°57′38″

2. 距离测量

1)温度与气压的设置

(1)在测距模式下,按 CONS 键,字符 T. P 闪烁,屏幕显示如下。

SET	T. P	FCT
HR	11°03′30″	

(2)按 CONS 键,确认设置温度和气压,屏幕显示如下。

P	1013	T	+20
AC	0	PC	−30

(3)按 MEAS 键(左移)或 TRK 键(右移),使光标移至需修改的数字位置,再按▲键(按一次数字加 1 或 + -号变换一次)或▼键(按一次数字减 1)改变屏幕上的温度和气压数值。如设置温度 $T = -15$℃,气压 $P = 1085$MPa。

P	1085	T	-15
AC	-58	PC	-30

(4)设置完成后,按 CONS 键返回测距模式。

2)正常测距

在测距模式下,瞄准测点的棱镜,按 MEAS 键进行正常测距,测距完成时屏幕显示距离值如下。此时,按▲键屏幕交替显示斜距◿、平距⊿、高差◿。

◿	123.365m
HR	113°57′33″

3)跟踪测距

在测距模式下,瞄准测点的棱镜,按 TRK 键进行跟踪测距,屏幕显示距离值如下。每 1s 测量并显示一次(距离显示至 0.01m)。按▲键屏幕交替显示斜距◿、平距⊿、高差◿。

◿	83.36m
HR	83°56′33″

六、注意事项

(1)不同厂家生产的全站仪,其功能和操作方法也会有较大的差别,本书分别列出了 Leica1610/1010全站仪、日本产拓普康 600 系列全站仪、国产南方 NTS—202/205 全站仪的基本操作技能。实训前须认真阅读其中的有关内容或全站仪的操作手册。

(2)全站仪是很贵重的精密仪器,在使用过程中要十分细心,以防损坏。

(3)在测距方向上不应有其他的反光物体(如其他棱镜、水银镜面、玻璃等),以免影响测距成果。

(4)不能把望远镜对向太阳或其他强光,在测程较大、阳光较强时要给全站仪和棱镜分别打伞。

(5)连接及去掉外接电池时应在教师指导下进行,以免损坏插头。

(6)全站仪的电池在充电前须先放电,冲电时间也不能过长,否则会使电池容量减小、寿命缩短。

(7)电池应在常温下保存,长期不用时应每隔 3 ~4 个月充电一次。

(8)外业工作时应备好外接电池,以防电池不够用。

七、上交资料

每人上交实训报告,实训报告格式见《工程测量实训报告》实训二十二。

实训二十三　用全站仪（极坐标法）测设公路平曲线

一、技能目标

（1）熟悉全站仪的基本操作。

（2）学会用坐标法测设公路平曲线。

二、仪器与工具

（1）由仪器室借领：全站仪1台、对讲机1对、标杆棱镜1套、PC—E500计算机1台、测伞1把、测钎2束、木桩若干、记录板1块、工具包1个。

（2）自备：计算器、铅笔、小刀、草稿纸。

三、实训方法与步骤

（1）选定JD_1、JD_2、JD_3，目估使路线转角为40°左右，相邻交点间距不小于80m。

（2）在JD_2安置全站仪，如果使用外接电池时，用电缆线连接电池与全站仪。开机，检测电池电压是否满足测距需要。

（3）对全站仪进行设定（同全站仪认识实训，若采用前次设定值时可不再设定）。若是Leica全站仪，定义显示格式一的内容为：水平角、水平距离⊿等。

（4）测定JD_2的右角并计算转角。

（5）在PC—E500计算机上运行“公路平曲线测设计算程序”，并按提示输入交点桩号、转角、R、L_s。记录屏幕显示的曲线元素、主点桩号。

（6）测定现场的气温、气压并输入全站仪。

（7）照准JD_1作为起始方向，在PC—E500计算机上选定路线转向，选定测站点为JD、起始方向点为ZH（ZY），输入起始方向的水平度盘读数，选定曲线桩的测设顺序。

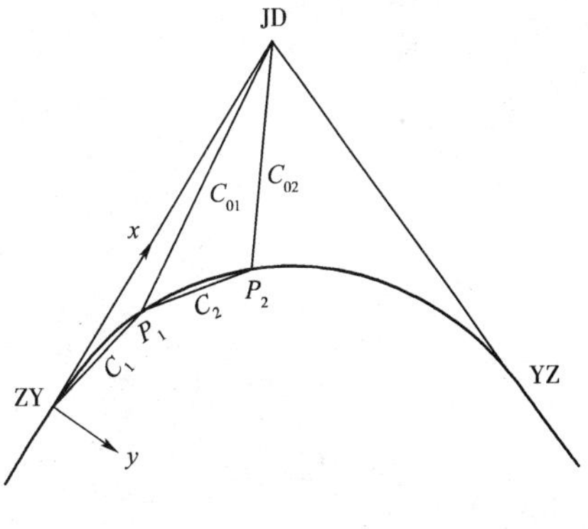

图 2-25

（8）计算机依次显示各待测桩的水平度盘读数、测站点至待测桩的水平距离C_0、待测桩至前一已测桩的水平距离C（计算原理：如图2-25所示，在ZY（ZH）建立平面直角坐标系xoy，利用测站点、起始方向点、中桩的坐标计算C_0、C、待测桩方向与起始方向之间的夹角，再根据起始方向的水平度盘读数及路线转向计算待测桩方向的水平度盘读数。图2-25中JD为测站点，JD→ZY（ZH）方向为起始方向，以桩号递增次序测设，C_{0_1}、C_1为P_1的测设数据，C_{0_2}、C_2为P_2的测设数据）。

（9）根据待测桩的水平度盘读数、测站点至待测桩的水平距离C_0测定中桩位置。

①转动照准部找到待测桩的水平度盘读数对应的方向，旋紧水平制动螺旋。在此方向上找到大致桩位并竖立标杆棱镜。

②照准棱镜并测距一次，观测者根据全站仪显示的水平距离用对讲机指挥持棱镜者沿视线方向移动，同时进行跟踪测距（用望远镜跟踪标杆棱镜，水平方向不能转动）。

③当全站仪显示的水平距离值与 C_0 相等或十分接近时，标杆棱镜所在的位置即为待测桩位，停止跟踪测距，在桩位处钉木桩或插测钎。

(10)记录所测中桩的桩号、水平度盘读数、至测站点的水平距离。

(11)测设完所有的中桩后，目测所测平曲线是否顺适，并丈量相邻桩间的弦长进行校核。

四、注意事项

(1)全站仪是很贵重的精密仪器，在使用过程中要十分细心，以防损坏。

(2)在 PC—E500 计算机上运行"公路平曲线测设计算程序"前，应仔细阅读程序的使用方法及说明。

(3)将转角、方位角及起始方向的水平度盘读数输入计算机时，应在度分之间加小数点，分秒均须输足两位数，但末尾的 0 可以省略。

(4)不能把望远镜对向太阳，阳光较强时要给全站仪打伞。

(5)在测距方向上不应有其他的反光物体(如其他棱镜、水银镜面、玻璃等)，以免影响测量结果。

(6)在竖立标杆棱镜时，应注意使棱镜杆上的水准气泡居中。

(7)长时间进行跟踪测距耗电较多，因此，只有当标杆棱镜所处的位置已接近实际桩位时，才可进行跟踪测距。

(8)外业工作时应备好外接电池，以防电池不够用。

五、上交资料

每人上交实训报告，实训报告格式见《工程测量实训报告》实训二十三。

实训二十四　点位及坡度线的测设

一、技能目标

(1)学会计算点位及坡度线的测设数据。

(2)学会测设点的平面位置、点的高程及坡度线的基本方法。

二、仪器与工具

(1)由仪器室借领:DJ_6 光学经纬仪 1 台、DS_3 水准仪 1 台、水准尺 1 根、钢尺 1 卷、测钎 1 束、木桩和小钉各数个、斧子 1 把、记录板 1 块、测伞 1 把、书包 1 个。

(2)自备:计算器、计算用纸、小刀、铅笔。

三、实训方法与步骤

1. 点的平面位置的测设

(1)选择实训场地如图 2-26 所示,图中 A、B 为已知点,P、Q 为待测设点(由教师给出其设计坐标)。

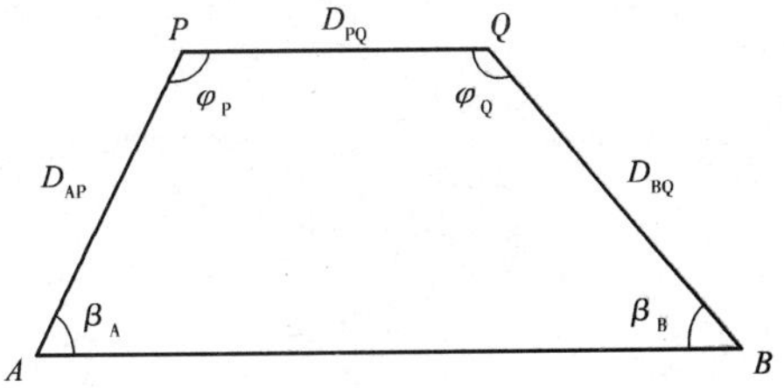

图 2-26

(2)计算测设数据:用极坐标法测设 P 点时,有

$$D_{AP} = \sqrt{(X_P - X_A)^2 + (Y_P - Y_A)^2}$$

$$\beta_A = \alpha_{AB} - \alpha_{AP} = \text{atctan}\frac{Y_B - Y_A}{X_B - X_A} - \arctan\frac{Y_P - Y_{PA}}{X_P - X_A}$$

同法可计算测设 Q 点的数据 β_B、D_{BQ}以及检核数据 φ_P、φ_Q、D_{PQ}。

(3)在 A 点设安置经纬仪,盘左瞄准 B 点并将水平度盘配置为β_A,顺时针方向转动照准部至读数为 00°00′00″,在视方向定出 P'点,盘右同法定出 P''的中点 P_1。由 A 点起沿 AP_1 方向根据 D_{AP}用钢尺往、返丈量,取其中点为测设的 P 点位置。

(4)在 B 点设站,同法测设出 Q 点,注意瞄准 A 时起始读数配置为 00°00′00″。

(5)分别在 P、Q 两点设站,用测回法观测 φ_P、φ_Q,并用钢尺住、返丈量 P、Q 两点间的距离 D_{PQ},进行检核。

2. 点的高程的测设

(1)在已知点 A 与待测点 P 中间安置水准仪,读取 A 点的后视读数 α;根据已知点高程 H_A 和测设高程 H_P 计算 P 点的前视读数 b。

$$b = H_A + a - H_p$$

(2)将水准尺紧贴 P 点木桩上下移动,当前视读数为 b 时,沿尺底面的木桩上画线,即为测设的高程位置。

(3)将水准尺底面置于设计高程位置,再次作前后视观测,以作检核。

3. 坡度线的测设

(1)从 A 点起沿 AB 方向每隔距离 d 找一木桩,直至 B 点。根据已知点高程 H_A、设计坡度 i 及间隔 d 推算各点的设计高程。

(2)安置水准仪,后视 A 点求得视线高;根据各点的设计高程计算各点应有的前视读数 b。

(3)水准尺分别立于各桩顶,读取各点的前视读数 b',对比应有读数 b,计算各桩顶的填、挖数，并注记在木桩上。

四、注意事项

（1）测设数据经校核无误后才能使用。测设完毕后还应进行检测。

（2）在测设点的平面位置时，计算值与检测值比较，检测边 D_{PQ} 的相对误差应小于1/12000，检测角 φ_P、φ_Q 的误差应小于50″。在测设点的高程时，检测值与设计值之差应不超过±8mm。超限应重测。

五、上交资料

（1）每组上交点的平面位置测设、点的高程的测设、坡度线的测设记录表各一份，记录表格式见《工程测量实训报告》实训二十四。

（2）每人上交实训报告，实训报告格式见《工程测量实训报告》实训二十四。

第三部分　工程测量教学实训指导

I　工程测量教学实训基本要求

一、实训内容和时间分配

工程测量课程教学实训内容和时间分配见表 3-1。

野外教学实训内容和时间分配表　　表 3-1

序　号	内　容	周　数
1	导线测量	1.5
2	四等水准测量或普通水准测量	0.5
3	测绘大比例尺地形图	0.5
4	完成 2km 的公路中线测量	1.0
5	完成 2km 的路线纵、横断面测量	1.0
机　动		0.5
合　计		5.0

二、教学实训目标

(1)在规定的时间内完成水准仪、经纬仪的技术操作。

(2)独立组织与实施导线测量、四等水准测量或普通水准测量,测量成果符合精度要求。

(3)测绘大比例尺地形图。

(4)实施并完成 2km 的公路路线测角、中桩、基平、中平和横断面测量任务,绘制纵断面图和横断面图。

三、教学实训过程

1. 组织形式

测量教学(生产)实训以班为单位分组进行。

2. 实施过程

1)准备工作

准备实训所用仪器、工具、图表、规范、记录表格、办公用品及其他物品,并进行实训动员和分组。

2)进行小区域控制测量

(1)平面控制——导线测量。

(2)高程控制——四等水准测量或普通水准测量。

3)测绘大比例尺地形图

(1)比例尺为1:500或1:1000或1:2000。

(2)地形图采用A3图幅。

(3)测图方法采用经纬仪测绘法或经纬仪配合小平板仪测图法或大平板仪测图法。

4)实施公路路线测量

(1)公路路线测量分中线组、全站仪放线组、水准组进行,定期换组。

(2)绘制纵断面图和横断面图。

5)完成实训报告与操作考核

四、成果与资料

(1)每人上交实训报告。

(2)每组提交成果:

①小区域控制测量成果。

②大比例尺地形图。

③公路路线测量成果。

五、说明

(1)工程测量野外教学实训每个教学班(40名学生)至少应配备2名实训指导教师。

(2)学校要做好实训的后勤保障工作。

(3)实训期间,要做好学生的政治思想工作,教育学生爱护测绘仪器,不怕苦、不怕累,团结互助,保证实训按期完成。

(4)各实训小组要做好实训日志和考勤工作。

(5)工程测量课程教学(生产)实训成绩应单独考核并单列记分。

II 大比例尺地形图测绘

一、实训内容

(1)经纬仪导线控制测量。

(2)测绘 1:500 的地形图。

二、技能目标

(1)学会使用常规测量仪器和工具,并进行检验和校正,要求在所规定范围内完成水准仪、经纬仪的技术操作。

(2)学会独立组织和实施导线测量、三(四)等水准测量或普通水准测量,观测值和成果均符合精度要求。

(3)学会测绘大比例尺地形图。

三、组织与实施

1. 组织形式

测量教学实训每班配备 2 名指导教师,整个实训队由队长负责组织和实施。学生以班为单位,每班分为 4 个小组,组长负责本小组工作安排,在规定时间内完成实训任务。

2. 准备工作

(1)实训前进行实训动员并分组分配实训任务。

(2)借领实训所用的仪器、工具和图表等。

每组所借仪器、工具:经纬仪 1 台、水准仪 1 台、塔尺 1 对、花杆 5 根、钢尺 1 盒(20m)、小平板主板、脚架 1 套、测钎 1 束、比例尺 1 根、量角器 1 个、丁字尺 1 把、斧子 1 把、书包 1 个、罗盘仪 1 套、全站仪 1 套、皮尺 1 卷。

注意:①三角尺、铅笔、小刀、计算器等自备。

②备修理工具 1 套,校正拨针 10 根,每班备用经纬仪、水准仪各 2 台。

③领取仪器和工具由各组组长负责,要专人保管、专人携带。

④仪器和工具有问题应及时调换,若实训中损坏或丢失,要查明原因填写事故报告单,待后处理。

3. 地形测量规定

1)一般规定

(1)测图比例尺的选用。

测图的比例尺根据工程性质、设计阶段和规模大小,可按表 3-2 选用。

测图比例尺的选用　　表 3-2

比　例　尺	用　　途
1:5000	可行性研究、总体规划、厂址选择、初步设计等
1:2000	可行性研究、初步设计、矿山总图管理、城镇详细规划等
1:1000	初步设计、施工图设计;城镇、工矿总图管理;竣工验收及工业普查等
1:1500	初步设计、施工图设计;城镇、工矿总图管理;竣工验收及工业普查等

注:对于精度要求较低的专用地形图,可按小一级比例尺地形图的规定进行测绘或利用小一级比例尺地形图放大成图。

(2)地形图基本等高距的选用。

地形图的基本等高距的选用,应按地形的类别划分,根据地面倾角 α 大小确定,并应符合表 3-3 的规定。

平坦地:$\alpha<3°$;

丘陵地:$3°\leqslant\alpha<10°$;

山地:$10°\leqslant\alpha<25°$;

高山地:$\alpha\geqslant25°$。

地形图的基本等高距(m) 表 3-3

地形类别	比例尺			
	1:500	1:1000	1:2000	1:5000
平坦地	0.5	0.5	1	2
丘陵地	0.5	1	2	5
山地	1	1	2	5
高山地	1	2	2	5

注:一个测区同一比例尺,宜采用一种基本等高距。

(3)地形图图上地物点相对于邻近图根点的位置中误差,应符合:一般地区点位中误差为 0.8mm;城镇居住区、工矿区点位中误差为 0.6mm;隐蔽或施测困难的地区可放宽 50%。

(4)等高线插求点对邻近图根点的高程中误差,应符合表 3-4 的规定。

等高线插求点对邻近图根点的高程中误差 表 3-4

地形类别	平坦地	丘陵地	山地	高山地
高程中误差(m)	$\frac{1}{3}H_d$	$\frac{1}{2}H_d$	$\frac{2}{3}H_d$	$1H_d$

注:① H_d 为等高距(m);

②隐蔽、困难的地区,可按上表放宽 50%。

(5)地形原图制作时,宜选用厚度为 0.07~0.10mm,伸缩率小于 0.2‰的聚酯薄膜。图廓格网线绘制和控制点的展点误差,不应大于 0.2mm。图廓格网的对角线、图根点间的长度误差,不应大于 0.3mm。

(6)每幅图应测出图廓外 5mm,图幅的接边误差不应大于地物点中误差和等高线插求点高程中误差规定值的 2 倍,小于规定值时,可平均配赋;超过规定值时,应进行实地检查和修改。

(7)地形图应经过内业检查、实地的全面对照及实测检查,实测检查量不应少于测图工作量的 10%。

2)图根控制测量

(1)图根点的精度,相对于邻近等级控制点的点位中误差,不应大于图上 0.1mm;高程的中误差,不应大于测图基本等高距的 1/10。

(2)图根平面控制点的布设,可采用图根三角、图根导线、全站仪导线或交会点等方法。当在等级点下加密时,图根控制不宜超过 2 次附合。当测区较小时,图根三角、图根导线可作为首级控制。在难以布设闭合导线的狭长地区,可布设成支导线。

(3)测区内解析图根点的个数,一般地区不宜小于表 3-5 的规定。

一般地区解析图根点的个数 表3-5

测图比例尺	图幅尺寸(cm)	解析控制点(个)
1∶500	50×50	8
1∶1000	60×50	12
1∶2000	50×50	15
1∶5000	40×40	30

注:①表中所列点数指施测该幅图时,可利用的全部解析控制点;

②当采用全站仪测图时,控制点数量可适当减少。

(4)图根平面控制。

①图根三角测量的主要技术要求规定如表3-6所示。

图根三角测量的主要技术要求 表3-6

边长(m)	测角中误差(″)	三角形个数	DJ_6 测回数	三角形最大闭合差(″)	方位角闭合差(″)
≤1.7测图最大视距	20	≤13	1	60	$40\sqrt{n}$

图根三角作为首级控制时,起始边边长相对中误差不应大于1/10000;线形锁应适当布置检查边,其较差的相对误差不应大于1/1500;当按重合点检查时,其点位较差不应大于图上0.2mm。

②图根导线测量的主要技术要求规定如表3-7所示。

图根导线测量的主要技术要求 表3-7

导线长度(m)	相对闭合差	边长	测角中误差(″)		DJ_6 测回数	方位角闭合差(″)	
			一般	首级控制		一般	首级控制
≤1.0M	≤$\frac{1}{2000}$	≤1.5测图最大视距	30	20	1	$60\sqrt{n}$	$40\sqrt{n}$

注:①M为测图比例尺的分母;

②隐蔽或施测困难地区导线相对闭合差可放宽,但不应大于1/1000。

③当采用1∶500、1∶1000比例尺测图时,附合导线长度可适当放长;当附合导线长度小于1/3M时,其绝对闭合差不应大于图上0.3mm。

④用于测定细部点的图根导线,其绝对闭合差不应大于25cm;当附合导线长度小于200m时,其绝对闭合差不应大于13cm。

⑤图根导线的边长,宜采用全站仪单向施测,也可使用经检定的普通钢尺单向丈量。当图根导线作为首级控制时,边长应往返丈量,其较差的相对误差不应大于1/4000。

⑥当图根导线布设成支导线时,水平角可用DJ_6型经纬仪施测左、右角各一测回,其圆周角闭合差不应超过40″。边长应往返丈量,其较差的相对误差不应大于1/3000。导线平均边长及边数,不应超过表3-8的规定。

图根支导线平均边长及边数 表3-8

测图比例尺	平均边长(m)	导线边数
1∶500	100	2
1∶1000	150	2
1∶2000	250	3
1∶5000	350	4

(5)图根高程控制。

①图根高程控制,可采用直接水准,全站仪及经纬仪三角高程等测量方法。

②图根水准测量,应起讫于不低于四等的高程点上,其主要技术要求应符合表 3-9 规定。

图根水准测量的主要技术要求　表 3-9

仪器类型	1km 高差中误差(mm)	附合路线长度(km)	视线长度(m)	观测次数		往返较差附合或环线闭合差(mm)	
				与已知点联测	附合或闭合路线	平地	山地
DS_3	20	≤5	≤100	往返各一次	往一次	$40\sqrt{L}$	$12\sqrt{n}$

注:L 为往返测段、附合或环线的水准路线长度(km)。

③当水准线路布设成支线时,应采用往返观测,其线路长度不应大于 2.5km。

④图根电磁波测距三角高程,垂直角可采用 DJ_6 型经纬仪中丝法二测回测定,指标差较差和垂直角较差均不应大于 25″。仪器的高度和觇标的高度的量取值,应精确至 1mm。附合或环线闭合差,不应大于 $40\sqrt{\sum D}$mm。

⑤图根经纬仪三角高程测量,应起讫于不低于图根水准精度的高程点上。边数不应超过 15 个,当超过规定时,路线应布设成结点网。图根经纬仪三角高程测量的主要技术要求如表 3-10 所示。

图根经纬仪三角高程测量的主要技术要求　表 3-10

边长(km)	仪器	测回数	对向观测高差较差(mm)	附合或环线闭合差(mm)
		中丝法		
≤0.5	DJ_6	1	≤400S	$0.1H_d\sqrt{n}$

注:①S 为边长(km),n 为边数;

②H_d 为等高距(m);

③边长大于 400m 时应考虑地球曲率和折光差的影响。

3)一般地区地形测图

(1)测绘方法可选用测记法、测绘法等成图方法。

采用全站仪或测距仪的测记法时,应符合下列要求:

①应绘制草图。对各种地物、地貌特征,应分别指定代码。测站上,宜按地物分类顺序施测。

②测点时,水平角、垂直角度的读数,应精确至 1′;归零检查,不宜大于 1.5′。最大测距长度宜符合表 3-11 的规定。

最大测距长度　表 3-11

比例尺	等高距(m)	最大测距长度(m)
1:500	0.5	300
1:1000	0.5	450
1:2000	1	700
1:5000	2	1000

③内业可采用计算机辅助成图,也可用坐标展点成图。

(2)测绘法所用的仪器和工具,应符合下列要求:

①视距常数范围应在 100 ±0.1m 以内。

②垂直度盘指标差,不应超过 2′。

③比例尺尺长误差,不应超过 0.2mm。

④量角器半径,不应小于 10cm,其偏心差不应大于 0.2mm。

⑤坐标展点器的刻画误差,不应超过 0.2mm。

(3)当解析图根点不能满足测图需要时,可增补少量图解交会点或视距支点。图解补点应符合下列要求:

①图解交会点必须选多余方向作校核;交会误差三角形内切圆直径应小于 0.5mm,相邻两线交角应在 30°~150°之间。

②视距支点边长不宜大于相应比例尺地形点最大视距长度的 2/3,距离应采用往返视距测定,其较差不应大于边长的 1/150。

③当确定图解交会点、视距支点的高程时,其垂直角应采用一测回测定,由两个方向或往返测的高程较差,在平地不应大于等高距的 1/5;在山地不应大于等高距的 1/3。

(4) 地形点间距和视距长度的要求,不应超过表 3-12 的规定。

地形点间距和视距长度的要求 表 3-12

比例尺	地形点间距(m)	视距长度(m)	
		地物	地形点
1:500	15	60	100
1:1000	30	100	150
1:2000	50	180	250
1:5000	100	300	350

注:垂直角超过 ±10°的范围时,视距长度应适当缩短;平坦地区成像清晰时,视距长度可放长 20%。

(5)地形图上高程点注记,当等高距为 0.5m 时,应精确至 0.01m;当等高距大于 0.5m 时,应精确至 0.1m。

(6)各类建筑物、构筑物及其主要附属设施均应进行测绘,房屋外廓以墙角为准。居民区可视测图比例尺大小或用图需要,内容及其取舍可适当加以综合。临时性建筑可不测。

当建筑物、构筑物轮廓凸凹部分在图上小于 0.5mm 或 1:500 比例尺图上小于 1mm 时,可用直线连接。

(7)独立地物能按比例尺表示的,应实测外廓,填绘符号;不能按比例尺表示的,应准确表示其定位点或定位线。

(8)管线转角均应实测。线路密集时或居民区的低压电力线路和通信线路,可选择要点测绘。当管线直线部分的支架、线杆和附属设施密集时,可适当取舍。当多种线路在同一杆柱上时,应表示主要的。

(9)道路及其附属物,均应按实际形状测绘。铁路应测注轨面高程,在曲线段应测注内轨面高程;涵洞应测注洞底高程。

1:2000 和 1:5000 比例尺地形图,可适当舍去车站范围内的附属设施。人行小道可选择要点测绘。

(10)水系及其附属物,宜按实际形状测绘。水渠应测注渠顶边高程;堤、坝应测注顶部及坡脚高程,水井应测注井台高程;水塘应测注塘顶边及塘底高程。当河沟、水渠在地形图上的宽度小于1mm时,可用单线表示。

(11)地貌宜以等高线表示,明显的特征地貌应以符号表示。山顶、鞍部、凹地、山脊、谷底及倾斜变换点处,必须测注高程点。露岩、独立石、土堆、陡坎等,应注记高程或比高。

各种天然形成的斜坡、陡坎,其比高小于等高距的1/2或图上长度小于10mm时,可不表示;当坡、坎较密时,可适当取舍。

(12)植被的测绘,应按其经济价值和面积大小适当取舍,并应符合下列要求:

①农业用地应分为稻田、旱地、菜地、经济作物地、养殖场地,施测时按实地作物类别绘示在地形图上。

②地类界与线状地物重合时,应绘线状地物符号。

③梯田坎的坡宽在地形图上大于2mm时,应实测坡脚;小于2mm时,可量注比高。当两坎间距在地形图上小于5mm,1:500比例尺地形图上小于10mm,或坎高小于等高距的1/2时,田坎可适当取舍。

④水田应测出代表性高程,当田埂宽在地形图上小于1mm时,可用单线表示。

4)绘图的质量要求

(1)分版绘制的图幅,各版的闭合差不得超过0.2mm。

(2)绘制轮廓符号应符合下列规定:

①依图比例绘制的轮廓符号,应保持轮廓位置的精度;轮廓内的说明符号,应按图式规定配置。

②半依比例绘制的线状符号,应保持主线位置的几何精度;符号的宽度、线号的粗细,应按图式规定的尺寸。

③不依比例绘制的符号,应保持主点位置的几何精度;符号的形状、大小和方向,应按图式规定。

(3)绘制的成图,应墨色黑实光润、图面整洁。刻绘线划应边缘平滑,透明部分密度不应大于0.1。符号、注记应粘贴牢固、平整,符合复制要求。

(4)绘制底图镶嵌拼贴的图廓点、控制点和坐标网的展点,图廓线、对角线的长度,应符合精度要求。放大编绘镶嵌拼贴的精度,可按比例放宽。

(5)编绘原图应达到图内各要素位置准确,层次分明,内容完备。当采用多色编绘时,不得用蓝色,并应符合复制及晒蓝图的要求。

(6)在着墨、映绘、清绘或刻绘作业前,应先检查原图质量,当误差超限时,不得进行作业。

(7)根据成图的需要,清绘可一版绘或分版绘。等大绘或放大绘;刻绘也可一版刻或分版刻。根据需要,清绘与刻绘可综合作业。

(8)地形图的绘制程序,宜符合下列规定:

①图廓和坐标网。

②测量控制点。

③注记。

④独立地物。

⑤居民地、管线及垣栅。

⑥水系及其附属建筑物。

⑦道路及其附属建筑物。

⑧境界。

⑨植被及地类界。

⑩地貌。

⑪接边、整饰。

注:粘贴的注记应在第⑩项后进行。

(9)注记的配置,应符合下列规定:

①文字注记应使所指示的地物能明确判读。一般情况下,字头应朝北。道路河流名称,可随线状弯曲的方向排列。各字侧边或底边,应垂直或平行于线状物体。各字间隔尺寸应在0.5mm以上;远间隔的亦不宜超过字号的8倍。注字应避免遮断主要地物和地形的特征部分。

②高程的注记,应注于点的右方,离点位的间隔应为0.5mm。

③等高线的注记字头,应指向山顶或高地,字头不应朝向图纸的下方,地貌复杂的地方,应注意配置。

④当相片的注记剪贴时,四边应留0.2mm的白纸边,使用透明注记,绘图时应留出贴字的位置,线划和字的间隔,应保持0.2mm。

(10)居民地的绘制,应符合下列规定:

①城镇和农村的街区、房屋,均应按外轮廓线准确绘制。

②街区与道路的衔接处,应留出0.2mm的间隔。

(11)水系的绘制应符合下列规定:

①水系应先绘桥、闸,其次绘双线河、湖泊、渠、海岸线、单线河,然后绘堤岸、陡岸、沙滩和渡口等。

②当河流遇桥梁时应中断,单线沟渠与双线河相交时,应将水涯线断开,弯曲交于一点。当两双线河相交时,应互相衔接、圆滑。

(12)道路网的绘制,应符合下列规定:

①当绘制道路时,应先绘铁路,再绘公路及大车路等。

②当实线道路与虚线道路、虚线道路与虚线道路相交时,应实部相交。

③当公路遇桥梁时,公路与桥梁应留出0.2mm的间隔。

(13)等高线的绘制,应符合下列规定:

①必须保证精度,不得跑线变形。

②当单色图上的等高线遇双线河、渠和不依比例绘制的符号时,应中断;当多色图上的等高线遇双线河、渠时,应中断,遇其他地物时,不得中断。

(14)境界线的绘制,应符合下列规定:

①凡绘制有国界线的图,必须符合国务院批准的有关国境界线的绘制规定。

②境界线的转角处,不得有间断,并应在转角上绘出点或曲折线。

(15)每幅图绘完后,应对图的内容、接边、整饰进行认真检查,发现问题修改后,应经审查、验收方能作为正式成品交出。

4. 实训步骤及要点

1)踏勘选点、标定点位

(1)划定测区以后,各组由组长带领对测区进行全面踏勘,在充分商定的基础上进行选点。各组选一条闭合导线,其导线点一般应选5~6个。

(2)对点位的要求:

①相邻点之间要通视良好,地面平坦,便于测角和量距。

②点位要选在土质坚实处,便于保存标志和安置仪器。

③所选点处地势较高,视野开阔,便于施测碎部。

④导线各边的长度应大致相等,除特殊地形外,边长最大不超过120m,最短不小于60m。

⑤导线点应有足够的密度,分布较均匀,便于控制整个测区。

(3)点位选定后,应在每一个点位上打木桩,桩顶离地面约5cm,桩顶钉上一个小钉,并在桩上写上编号(编号建议采用:班级代号、组名、点号。如高管4班一组2号点编号为:GG412)。为了便于寻找,或在导线点被破坏时恢复导线点,可在导线点附近选三个明显的标志,量出导线点到标志的距离,并绘出导线点固定表(见表3-13)。

导线点固定表 表3-13

日期:____ 天气:____ 班级:____ 大组:____ 填记者:____

点号	固定位置说明				草图	备注
	序列	标志名称	距离(m)	方向		
31	1	屋角	14.3	北偏西	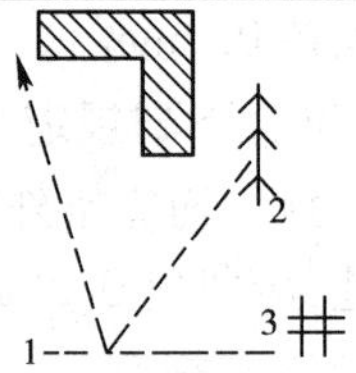	1－1点 位于山头
	2	独立树	8.9	北偏东		
	3	水井	10.6	东侧		
32						

2)导线边长丈量

(1)进行直线定线。

具体直线定线方法见本书实训十二。

(2)丈量距离。

具体丈量距离方法见本书实训十二。

(3)用罗盘仪测定其磁方位角:

①将罗盘仪安置在A点,进行整平和对中。

②瞄准B点的花杆后,放松磁针制动螺旋。

③待磁针静止后,读出磁针在刻度盘上所标的读数,即为直线AB的磁方位角。

④再将罗盘仪安置在B点上,用①、②、③的方法测定直线BA的磁方位角进行校核。

(4)在所量直线上进行步长测定,测出每个学生的正常步长量。

(5)注意事项。

①用眼睛观测定线,不准用经纬仪定线。

②导线边长用20m钢尺,采用往返平量法丈量,如果地面坡度较大,整尺段长度可以为10m或5m。丈量时,拉力要均匀,尺身要保持水平(可借助测斜照准仪上的水准管使尺身水平),投点要准(尺子两端、高差较大时,可用垂球投点)。

③边长往返丈量,其相对误差大于1/2000误差限值时,应根据《工程测量》教材中所讲的导线错误方法进行检查,判断出往测和返测哪一个出现粗差的可能性大,再进行重测、直到精度达到1/2000为止。

④用罗盘仪观测导线起始边的磁方位角(正、反磁方位角)。较差应小于1°,较差$=\alpha_{正}-(\alpha_{反}\pm180°)$。

3）导线点水准测量

（1）用 DS_3 型水准仪进行普通水准测量，确定导线点高程。

（2）在进行水准测量前，必须对水准仪进行检校。水准仪检验与校正的内容有：圆水准器轴的检验和校正；十字丝横丝的检验与校正；水准管轴与视准轴平行关系的检验与校正。具体检验与校正的方法和步骤按《工程测量》教材进行。

（3）闭合导线点水准测量的起点高程假定为1000m，导线闭合差的容许值均为：

$$f_{h容} = \pm 12\sqrt{n}(\text{mm})\ （n 为测站数）$$

（4）水准测量成果的计算，按表格进行，并进行检核和平差。

高差闭合差调整的原则：将高差闭合差反号按测站数（或测段长度）成正比例分配，即：

$$V_i = \frac{f_h}{\sum n} n_i \quad 或 \quad V_i = -\frac{f_h}{\sum L} L_i$$

式中：$\sum n$——水准路线各测段的测站数总和；

n_i——某一测段的测站数；

$\sum L$——水准路线各测段的总长度；

L_i——某一测段的长度。

4）水平角观测

（1）用 DJ_6 型经纬仪观测闭合导线的水平角（内角）。

（2）观测前必须对经纬仪进行检校，经纬仪检验与校正的内容有：照准部水准管的检验与校正；十字丝竖丝的检验与校正；视准轴的检验与校正；横轴的检验与校正；竖盘指标水准管的检验与校正；光学对中器的检验与校正。具体检验与校正的方法和步骤按《工程测量》教材进行。

（3）采用测回法观测水平角。每站观测两个测回，开始时，度盘读数可配成略大于0°，第二测回开始时，度盘读数应配成略大于90°。每测回中半测回角值的较差要小于40″，测回间角值互差小于30″，最后取这两个测回的平均值作为本站水平角的观测值。

5）内业计算

（1）内业计算要严肃认真。首先检查外业观测手簿，看其是否符合限差要求及各项技术规定。

（2）每人按自己外业观测成果作内业计算。

①导线点坐标计算（按闭合导线计算）：

a. 角度闭合差计算与调整。

$$f_\beta = \sum\beta_{测} - (n-2)\cdot 180°$$

$$f_{\beta容} = \pm 40\sqrt{n}$$

$$f_\beta \leqslant f_{\beta容}$$

$$V_{\beta i} = -\frac{f_\beta}{n}$$

$$\beta_i = \beta_{测_i} + V_{\beta i} \quad (i = 1, 2, \cdots, n)$$

式中：n——闭合导线的转折角数；

$\sum\beta_{测}$——观测角的总和。

b. 坐标方位角的计算。

$$\alpha_{前} = \alpha_{后} \pm 180° \begin{matrix} +\beta_{左} \\ -\beta_{右} \end{matrix}$$

式中：$\alpha_{前}$、$\alpha_{后}$——导线点的前边方位角和后边方位角。

c. 坐标增量计算。

$$\left.\begin{aligned}\Delta X_{AB} &= D_{AB} \cdot \cos\alpha_{AB} \\ \Delta Y_{AB} &= D_{AB} \cdot \sin\alpha_{AB}\end{aligned}\right\}$$

d. 坐标增量闭合差的计算与调整。

纵、横坐标增量闭合差的计算公式：

$$f_X = \sum \Delta X_{算}$$

$$f_Y = \sum \Delta Y_{算}$$

导线全长闭合差的计算公式：

$$f_D = \sqrt{f_X^2 + f_Y^2}$$

导线全长相对闭合差的计算公式：

$$K = \frac{f_D}{\sum D} = \frac{1}{\sum D / f_D}$$

$$K_{容} = 1/2000$$

$$K \leqslant K_{容}$$

纵、横坐标增量闭合差调整的改正数：

$$\left.\begin{aligned}V_{\Delta X_i} &= -\frac{f_X}{\sum D} D_i \\ V_{\Delta Y_i} &= -\frac{f_Y}{\sum D} D_i\end{aligned}\right\}$$

调整后的纵、横坐标增量：

$$\Delta X_i = \Delta X_{算i} + V_{\Delta x_i}$$

$$\Delta Y_i = \Delta Y_{算_i} + V_{\Delta Y_i}$$

e. 坐标计算(采用假定坐标系统)。

②水准测量成果调整。

a. 闭合差计算。

b. 改正数计算。

c. 计算各点的高程(采用假定高程)。

6)测绘地形图

(1)图纸准备:将图纸裁成与图板大小一致,用胶带粘在图板上。

(2)坐标格网及控制点的展绘。

①用直尺按《工程测量》教材所述方法绘制 40×50 坐标网。

②方格网的长度与理论值之差不应大于 0.2mm。

③方格网对角线与理论值之差不应大于 0.3mm。

④按教材所述方法展绘控制点,控制点高程注记到 0.01m。

⑤按边长检查已展绘好的控制点的相对位置与解析计算值之差不得大于 0.3mm。

(3)测站点的增补。

控制点展绘后,如发现控制点不能施测的局部地区(超过施测碎部点的最大视距或荫蔽地区),可考虑用普通视距导线增补测站点,导线最大边长不大于 50m,视距往返较差不大于1/200。

(4)碎部点测绘。

①测绘碎部点的作业方法采用经纬仪测绘法。

②测绘碎部点之前应检查竖盘指标差，其值应小于 ±1′，否则应校正使其小于 ±1′。

③仪器安置于测站点之后，应以相邻点进行测站点的高程和平面位置的检查。测站点高程检查值与原有计算值之差不得大于 1/5 基本等高距，角度之差应小于 7′。

④起始方向选好后，经纬仪应照准此方向配制水平度盘读数为 00°00′00″。测图过程中应随时作归零检查，归零差应小于 4′。

⑤施测碎部点的最大视距不得超过 100m。荫蔽地区经指导教师同意后，可适当放宽。

⑥碎部点的高程计算到 0.01m，图上注记到 0.1m。

⑦等高线的基本等高距为 1m。

⑧地形图上的高程注记点应分布均匀，一般丘陵地区间距为 15m。

⑨对于地物在实地凸凹大于 0.4*M*mm（*M* 为比例尺分母）者都要施测。

（5）地物、地貌的测绘。

①地物测绘主要是将地物的形状特征点测定下来，例如：地物的转折点、交叉点、曲线上的弯曲变换点、独立地物的中心点等。连接这些特征点便得到与实地相似的地物形状。

②地貌测绘首先需要确定地貌特征点（山顶点、盆地中心点、鞍部最低点、谷口点、山脚点、坡度变换点等），然后连接地性线，便得到地貌形状的基本轮廓。按等高线性质，再对照实地情况描绘出等高线。

③地物、地貌各项要素的表示方法和取舍原则，按国家测绘局制定现行的《1∶500、1∶1000、1∶2000 地形图图式》执行。

（6）整饰地形图的主要要求：

①地物、地貌各要素应主次分明、线条清晰、位置准确、交接清楚。

②高程注记的数字，一般字头朝北，书写清楚整齐。

③各项地物、地貌均应按规定的符号绘制。

④各项地理名称注记位置应适当，并检查有无遗漏和不明之处。

⑤等高线须合理、光滑、无遗漏，并与高程注记点相适应。

⑥图幅号、方格网坐标、测图者姓名及测图时间，比例尺及图名均应书写齐全。

⑦将整饰好的地形图送交指导教师检查及评分。

四、测图实训具体时间安排

测图实训具体时间安排见表 3-14。

测图实训具体时间安排表　　表 3-14

实训内容		天数	备注
选点、检校仪器		1	每组为一测图组，布设一条有 5～6 个点的闭合导线
图根导线测量	量距	2	组长分工安排量距、测角、水准测量，每两天后轮换工种，约 6 天。每人应有一份合格的测角和水准测量观测成果，一组应有 1～2份合格的导线边长丈量成果
	测角	2	
	水准测量	2	
内业计算		1	每人用自己的观测成果进行平差计算，上交自己的水准测量高程调整表和导线坐标计算表以及导线点展点图
机动		1	
碎部测量		5	用经纬仪测绘法施测 1∶500 地形图；勾绘等高线、整饰图幅
总计		14	

五、测图实训注意事项

(1)必须正确使用和爱护测量仪器及工具。

(2)损坏仪器和工具者,要按学校规定的仪器赔偿制度酌情处理。

(3)每个学生要按期完成本次教学实训规定的实训内容,否则按不及格处理。

(4)实训期间学生有事请假,要经班主任和实训队长批准,否则按缺勤论处。

(5)实训期间,学生总缺勤数超过实训总天数为1/3(特殊情况除外)按不及格处理。

(6)要尊重当地农民的习俗,对危害当地农民利益的个人或小组要严肃处理,并且赔偿全部损失。

(7)同学之间、同学和当地农民之间发生打架、斗殴事件,对其本人要严肃处理,情节严重者,均以本次实训不及格论处。

(8)要求全体师生互敬互爱,互相帮助,发扬不怕苦、不怕累、不怕脏的精神,保质保量完成本次实训任务。

(9)通过本次教学实训,使同学们掌握测绘地形图的基本过程。熟练地操作和使用各种测量仪器及工具,更加巩固和完善理论教学内容,完成本课程的教学任务。

(10)教学实训技术规定。

①记录数字的更改规定见表3-15。

记录数字的更改规定 表3-15

测量种类	不准更改的部位	准更改的部位
水平角	秒的读数	度和分的读数
竖直角	分及秒的读数	度的读数
水准测量	厘米及毫米读数	米及分米读数
距离测量	厘米及毫米读数	米及分米读数

注:记录是测量的原始资料,所以不能涂改。不准更改的部位指的是某个数字在这个部位出现错误时,整个数字作废,重新测、重新记录;可更改的部位指的是某个数字在这个部位出现错误时,用斜线划掉,并在上边写上正确值。

②外业记录取位规定见表3-16。

外业记录取位规定 表3-16

中丝读数	高 差	角 度	距 离
1mm	1mm	1″	1mm

③计算作业取位规定见表3-17。

计算作业取位规定 表3-17

改正数	最后高差	点的高程	角度
1mm	1mm	1cm	1″
距离	坐标方位角	坐标增量	坐标
1mm	1″	1mm	1cm

④精度要求见表3-18。

精 度 要 求 表3-18

种 类	测 角	量 距	水 准 测 量
允许误差	30″	1/2000	$\pm 12\sqrt{n}$

(11)大比例尺测图实训过程中,应按各个实训阶段上交实训报告,以备指导老师批阅。实训报告格式见表3-19。

表3-19

大比例尺地形图测绘实训报告

（建议从各阶段实训任务、实训步骤、实训成果等方面加以叙述总结）

班级：　　　　组别：　　　　姓名：　　　　学号：

III　公路路线测量

一、路线测量实训项目和时间分配

实训内容和时间分配见表 3-20。

实训内容和时间分配表　　表 3-20

序号	内　　容	天　　数
1	路线中线测量(用切线支距法和偏角法测设)	4
2	全站仪实地放线(包括建立路线平面控制和逐桩坐标计算)	4
3	路线纵断面测量(基平测量和中平测量)和横断面测量	3
4	测量仪器考核	1
5	实训总结、资料整理	1
合　　计		13

二、技能目标

在完成测图教学实训任务之后,学生能够组织与实施 2km 路线中线测量和纵、横断面测量。

三、组织实施

根据实训场所每个实训班级所分实训组是本项实训的基本作业单位。本次实训的主要作业内容是围绕一条路线而进行中线测量、全站仪实地放线、路线纵、横断面测量。每个实训班级独立选择一条路线连续向前测设,各组定期轮换工种。为保证实训工种轮换和仪器交接有序进行,请按指导教师的安排填写表 3-21。

1. 路线中线测量(中线组)

1)内容

按一般公路路线测设的作业模式完成一段路线的中线里程桩测设。

2)仪器及工具

经纬仪、罗盘仪、钢尺、皮尺、水准尺、方向架、花杆、测钎、斧头、方桩、竹片桩、红油漆、毛笔、小钉、中桩记录表、计算器(自备)。

3)实训程序

(1)实训组暂编为两个作业小组。

(2)指导教师率第一作业小组现场标定交点和转点。

班第　实训组实训工种轮换和仪器交接表　　表 3-21

日　期	实训内容	交接仪器及工具名称、仪器号、数量、状态
		仪器及工具： 交于第　　实训组
		由第　　实训组接收： 交于第　　实训组
		由第　　实训组接收： 交于第　　实训组
		由第　　实训组接收： 交于第　　实训组

(3)第一作业小组测定路线转角、交点间视距、磁方位角。

(4)第二作业小组进行路线中桩测设。

具体技术要求如下：

①路线直线段不分地形情况统一按 20m 整桩测设。

②路线平曲线基本桩距按圆曲线半径 R 值选取，当 $R \geqslant 60m$ 时，取 20m；当 $R < 60m$ 时，取 10m。

③圆曲线极限最小半径取 30m；缓和曲线最小长度取 35m。

④当圆曲线半径 $R \geqslant 350$ 时，可不设缓和曲线。

⑤测设过程要注意加桩，特别不要漏掉地形、地物加桩。

⑥曲线测设纵向闭合差为 1/500，横向闭合差为 15cm。

(5)两作业小组在适当的时间互换工种。

2. 全站仪实地放线(全站仪放线组)

1)内容

按全站仪极坐标放样的作业模式完成一段路线的中线里程桩测设。

2)仪器及工具

全站仪、单棱镜组、三棱镜组、单棱镜对中杆、花杆、方桩、小钉、记录计算表格、计算器(自备)。

3)实训程序

(1)由于作业场地限制，本组不再另选路段测设，建议在中线组之后对中线组所测路段重复测设。两组中桩测设位置较差如在容许范围(取 10cm)内以中线组所测中桩为准，否则将中线所测中桩按全站仪所测位置移位打桩。

(2)沿路线两侧布设控制点，控制点应全线统一编号。

(3)用全站仪导线测量测定控制点坐标。测量时要尽可能与实训场地现有的控制点联测并纳入统一坐标系中，如联测有困难，可采用假定坐标系。

(4)在控制点上安置全站仪测定路线交点和转点的坐标。

(5)计算路线中桩坐标，并将计算结果填于"中桩逐桩坐标计算表"中见表 3-24。

(6)用全站仪放样路线中桩，具体操作要点如下：

①将全站仪安置在放样点附近的控制点上。

②输入测站点和后视点的坐标值；全站仪自动计算并显示后视方位角值。

③照准后视点完成定向工作。

④输入放样中桩坐标值，转动仪器指挥单棱镜对中杆移到放样点位置打桩。

⑤重复④完成全线中桩测设任务。

3. 路线纵、横断面测量(水准组)

1)内容

测定路线所有中桩的地面高程，并点绘路线纵断面的地点线和逐桩横断面图。

2)仪器及工具

水准仪、水准尺、皮尺、花杆、水准测量手簿、米厘格纸、绘图工具(向其他组借用)。

3)实训程序

(1)实训组暂编为两个作业小组。

(2)指导教师率第一作业小组现场选定基平水准点。

(3)第一作业小组按《工程测量》教材所述基平和中平测量方法测定水准高程和逐桩地面高程。

(4)第二作业小组按《工程测量》教材所述横断面测量方法进行横断面测量。

(5)两作业小组在适当的时间互换工种。

(6)点绘路线纵断面图的地面线和横断面图。

4. 公路路线中桩逐桩坐标计算示例

用全站仪进行路线实地放线时,必须计算出路线中线各中桩的坐标值。如果路线全线统一的坐标系统(路线沿线已分布有足够数量的控制点),那么所计算的中桩坐标就应该是路线统一平面直角坐标系中的坐标值。

1)计算条件

(1)已知路线各交点 JD 坐标值(通常在纸上定线后,由地形图上量取;本次实训缺少纸上定线步骤,可用全站仪实测各交点坐标值)。

(2)已知各曲线要素值(圆曲线半径 R,缓和曲线长度 L_s)和交点桩号。

【例】 某高速公路 JD_6、JD_7、JD_8 在路线统一坐标系中的坐标值列表 3-22 如下,其中 JD_7 的半径 $R=1740m$,缓和曲线长 $L_s=220m$,计算该曲线及相邻直线段中桩的坐标值。

表 3-22

交点号	交点桩号	X	Y
JD_6		571661.180	502335.360
JD_7	K1144 +910.303	569953.212	502099.147
JD_8		568726.880	501210.091

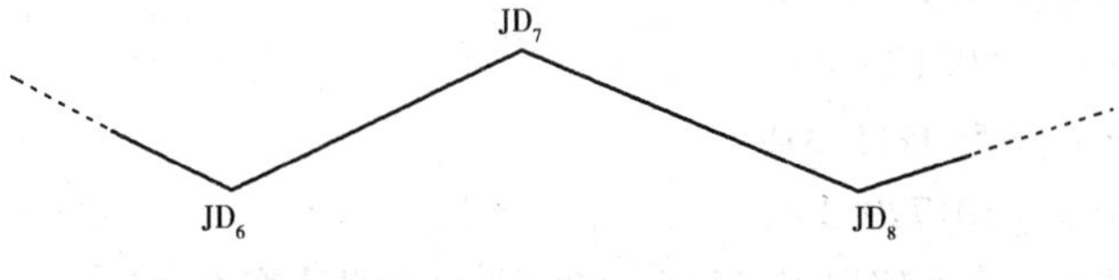

2)计算方法

由于路线全线中桩数量太多,实际工作应采用计算机编程计算。本次实训要求用手工计算,现结合上例介绍曲线处有代表性中桩的计算方法供学生参考。

(1)计算路线导线边坐标方位角 A(为区别于转角 α)、转角 α、交点间距 D。

$$\tan A_{67}=\frac{2099.147-2335.360}{69953.212-71661.180}\qquad A_{67}=187°52'''$$

$$\tan A_{78}=\frac{1210.091-2099.147}{68726.880-69953.212}\qquad A_{78}=215°56'28''$$

$$JD_7\text{ 转角 }\alpha=A_{78}-A_{67}=28°04'01''$$

$$D_{67}=1724.225m\qquad D_{78}=1514.698m$$

(2)计算曲线主点元素和主点桩号。

$$P=\frac{L_s^2}{24R}=1.159 \qquad q=\frac{L_s}{2}-\frac{L_s^3}{240R^2}=109.985$$

$$T_H=(R+P)\tan\frac{\alpha}{2}+q=545.186$$

$$E_H=(R+P)\sec\frac{\alpha}{2}=R=54.724$$

$$L_H=R\cdot\alpha\cdot\frac{\pi}{180}+L_s=1072.357 \qquad L_y=L_H-2L_s=631.357$$

$$D_H=2T_H-L_H=18.014$$

ZH:K1144 +365.117

HY:K1144 +585.117

QZ:K1144 +901.296

YH:K1145 +217.474

HZ:K1145 +437.474

(3)推算下一个交点坐标。

例:JD_8 桩号 = JD_7 桩号 + $D_{78}-D_H$

= K1144 +910.303 +1514.698 −18.014

= K1146 +406.987

(4)计算直线段中桩坐标(包括主点 ZH 和 HZ)。

由交点坐标按导线坐标计算方法推算直线段所有中桩坐标;本例可由 JD_7 起算,沿路线导线边推算 JD_6 与 JD_7 之间以及 JD_7 与 JD_8 之间直线段所有中桩坐标(包括主点 ZH 和 HZ)。

①主点 ZH 和 HZ 坐标计算。

$X_{ZH}=X_7+T_H\cos A_{76.}=570493.258$

$Y_{ZH}=Y_7+T_H\sin A_{76}=502173.836$

$X_{HZ}=X_7+T_H\cos A_{78}=569511.818$

$Y_{HZ}=Y_7+T_H\sin A_{78}=501779.149$

②直线段中桩坐标计算(仅以 K11145 +500 为例说明计算方法)。

K1145 +500:$X=X_{HZ}+(500-437.474)\cos A_{78}=569461.196$

$Y=Y_{HZ}+(500-437.474)\sin A_{78}=501742.449$

(5)计算曲线段中桩坐标(包括主点 HY、QZ、YH)。

曲线段包括第一缓和曲线、圆曲线和第二缓和曲线。其坐标计算的基本思路为:先按切线支距法坐标公式计算出中桩在局部坐标系中的坐标值,然后通过坐标旋转和平移将其转换为路线统一坐标系的坐标值。

坐标变换公式为:$X=X_0+x\cos A-y\sin A$

$Y=Y_0+x\sin A+y\cos A$

①第一缓和曲线段中桩坐标计算。

现有 K1144 +500 为例进行计算,其 $l=500-365.117=134.883$m;先计算 K1144 +500 在

局部坐标系中的坐标值：

$$x = 1 - \frac{l^5}{40R^2L_s^2} = 134.875$$

$$y = \frac{l^3}{6RL_s} = 1.068 \quad (\text{左转角时 } y \text{ 取负值})$$

然后将上述 x、y 坐标变换为路线统一坐标值 X、Y：

$$X = X_{ZH} + x\cos A_{67} - y\sin A_{67} = 570359.800$$

$$Y = Y_{ZH} + x\sin A_{67} + y\cos A_{67} = 502154.300$$

②圆曲线段中桩坐标计算。

现有 K1145 + 100 为例进行计算，其 $l = 5100 - 4585.117 = 514.883\text{m}$；先计算 K1145 + 100 在局部坐标系中的坐标值：

$$\varphi = \frac{l}{R} \cdot \frac{180}{\pi} + \beta_0 = \frac{l + L_s/2}{R} \cdot \frac{180}{\pi} = 20°34'36''$$

$$x = R\sin\varphi + q = 721.522$$

$$y = R(1 - \cos\varphi) + P = 112.165$$

然后将上述 x、y 坐标变换为路线统一坐标系坐标值 X、Y：

$$X = X_{ZH} + x\cos A_{67} - y\sin A_{67} = 569796.904$$

$$Y = Y_{ZH} + x\sin A_{67} + y\cos A_{67} = 501963.882$$

③第二缓和曲线段中桩坐标计算。

现有 K1145 + 300 为例进行计算，其 $l = 437.474 - 300 = 137.474\text{m}$；先计算 K1145 + 300 在局部坐标系（以 HZ 为原点）中的坐标值：

$$x = 1 - \frac{l^5}{40R^2L_s^2} = 137.466$$

$$y = \frac{l^3}{6RL_s} = -1.131 (\text{右转角时 } y \text{ 取负值})$$

然后将上述 x、y 坐标变换为路线统一坐标系坐标值 X、Y：

$$X = X_{HZ} + x\cos A_{87} - y\sin A_{87} = 569623.777$$

$$Y = Y_{HZ} + x\sin A_{87} + y\cos A_{87} = 501858.919$$

四、公路路线测量记录计算用表及实训报告

（1）公路路线测量所需记录计算表除参考《工程测量实训报告》实训十六～二十一中所给记录计算表格式外，公路路线交点、曲线要素表见表 3-23，公路路线中桩逐桩坐标表见表 3-24。

（2）公路路线测量应按不同组别和实训阶段上交实训报告，以备指导老师批阅。实训报告格式见表 3-25。

公路路线交点、曲线要素表 表 3-23

交点号	交点坐标		交点桩号	转角值		半径	缓和曲线长度	交点间距	计算方位角
	X	*Y*		左	右				

班级： 组别： 编制： 复核：

公路路线中桩逐桩坐标表 表 3-24

桩号	*X*	*Y*	桩号	*X*	*Y*

班级： 组别： 编制： 复核：

公路路线测量实训报告

表 3-25

（建议从各组实训任务、实训步骤、实训成果等方面加以叙述总结）

班级：　　　　组别：　　　　姓名：　　　　学号：

IV　工程测量教学实训成绩评定与成果整理

一、教学实训成绩评定办法

教学实训成绩评定办法见表3-26所示。

教学实训成绩评定办法　　表3-26

序　号	评定项目	基本要求	各项目占实训成绩的百分数
1	经纬仪技术操作	参见仪器考核标准	20%
2	水准仪技术操作	参见仪器考核标准	20%
3	图根导线外业观测记录	①观测数据正确,估读准确; ②记录整齐干净,符合记录要求; ③在规定时间内完成各项观测记录成果	10%
4	内业计算	①按时完成平差计算,计算无误; ②字体工整、干净; ③误差符合规定要求	10%
5	绘图	①符合地形原状,地物符号符合图式要求; ②等高线勾绘正确,线条光滑; ③按时完成图幅	10%
6	路线测量	①符合路线测量基本要求; ②按时完成路线测量任务; ③在规定时间内完成各项观测与计算成果	15%
7	实训报告	①内容全面,字迹工整; ②体会较深,文理通顺	5%
8	实训道德	①爱护仪器和工具; ②遵守实训纪律	10%

二、测量仪器考核标准

实训结束之前,要对每个同学操作测量仪器的熟练和规范程度进行严格的考核。水准仪和经纬仪的技术操作是所有测量仪器的操作基础,因此水准仪操作和经纬仪操作是本实训的必考项目,而全站仪操作可根据具体实训情况自行选择考核方式及考核内容。

1. 水准仪操作考核

1)考核内容

用水准仪测量两点间高差,给定其中一点高程值,推算另一点高程。

2)考核方法

(1)在平坦场地上选择相距80m左右的两个立尺点,由指导教师测定两点间高差(多次测量平均值)作为考核标准值。

(2)考核时仪器安置在两点中间,其中一点竖立固定水准尺,另一点竖立活动水准尺(在水准尺底部设置已知厚度的垫块)，每一轮操作由专人增减水准尺底部垫块并记录两点间实际高差。

(3)操作人员按考核要求完成仪器安置、测量、记录和计算全过程；考核人员按考核标准进行分项等级评定并计时，其中计算过程不计时间。

3)考核标准(表3-27)

水准仪操作考核标准　　表3-27

分项 等级	操作过程	记录计算	测量精度 (与标准值差值)	完成时间 (min)
A	观测程序正确；操作步骤规范	独立完成记录计算；计算结果正确；记录符合要求	≤3mm	≤1
B	观测程序正确；操作步骤有一处不规范	独立完成记录计算；计算结果正确；记录有一处不符合要求	≤5mm	≤2
C	观测程序正确；操作步骤有两处不规范	独立完成记录计算；计算结果正确；记录有两种不符合要求	≤7mm	≤2
D	观测程序正确；操作步骤不规范	独立完成记录计算；计算结果有误	≤9mm	≤4
E	达不到上述要求	达不到上述要求	>9	>4
等级评定	A—100分　B—80分　C—60分　D—30分　E—0分 注：上述任意一个分项等级为E时，考核总成绩则为不合格；本标准仪适用于S_3型自动安平水准仪			
分项权系数	0.4	0.1	0.4	0.1

2. 经纬仪操作考核

1)考核内容

用DJ_6光学经纬仪按测回法观测水平角，计算观测角(由考核教师指定左角或右角)一测回观测值。

2)考核方法

(1)选择考核场地并设置测站点和目标点，前、后视目标点均大于200m并接近水平。

(2)由指导教师用全站仪测定考核角度值(多次测量平均值)作为标准角值。

(3)考核时后视点设固定标志，前视点应设置活动觇牌(可在观测点处横向设置小钢尺)，每一轮考核由专人按小钢尺刻度重新设置觇牌位置并记录实际角值。

(4)操作人员按考核要求完成仪器安置、观测、记录、计算全过程；考核人员按考核标准进行分项等级评定并计时，其中计算过程不计时间。

3)考核标准(表3-28)

3. 仪器操作考核说明

(1)对在校学生的考核重点是操作仪器的规范程度(不规范的操作在以后的工作中很难纠正)，不能单纯以完成时间的长短来考核学生的仪器操作水平。每个学生应该在操作规范的前提下，用较短的时间熟练地完成考核任务。

(2)许多人对仪器考核有一种极端的认识，认为操作时间越短越好，岂不知过分追求操作速度导致的手忙脚乱、动作粗暴等现象本身就是一种极不规范的操作。为改变这种倾向，考核标准中“完成时间”的分项权系数取值很小。但由此应避免走向另一极端，就是片面理解为考核成绩与完成时间长短关系不大，这种认识同样是错误的。因为操作时间与观测过程和测量精度是密切相关的，如果操作时间较长，那么观测过程必然存在一些多余和重复规范动作，同时操作时间较长往往会降低测量精度。

经纬仪操作考核标准　　表 3-28

分项 等级	仪器安置	观测过程	记录计算	测量精度 （与标准值差值）	完成时间 （min）
A	光学对中步骤正确；安置质量符合要求	观测程序正确；操作步骤规范	独立完成记录计算；计算结果正确；记录符合要求	≤6″	≤6
B	光学对中步骤正确；安置质量有一处缺陷	观测程序正确；操作步骤有一处不规范	独立完成记录计算；计算结果正确；记录有一处不符合要求	≤9″	≤8
C	光学对中步骤正确；安置质量有两处缺陷	观测程序正确；操作步骤有两处不规范	独立完成记录计算；计算结果正确；记录有两处不符合要求	≤12″	≤10
D	光学对中步骤正确；安置质量差	观测程序正确；操作步骤不规范	独立完成记录计算；计算结果有误	≤24″	≤12
E	达不到上述要求	达不到上述要求	达不到上述要求	>24″	>12
等级评定	A—100 分　B—80 分　C—60 分　D—30 分　E—0 分 注：上述任意一个分项等级为 E 时，考核总成绩则为不合格；本标准仅适用于 DJ_6 级光学经纬仪				
分项权系数	0.2	0.2	0.1	0.4	0.1

三、上交资料

1. 每人上交资料

（1）闭合导线计算表（8 开纸）。

（2）高程调整及计算表（16 开纸）。

（3）控制点展点图（8 开纸，网格 5cm×5cm，比例尺 1∶1000）。

（4）公路路线测量记录、计算资料和纵、横断面图。

（5）实训报告。实训报告格式见表 3-19、表 3-23、表 3-24、表 3-25。

2. 每组上交资料

（1）控制测量成果汇总表（8 开纸）。

（2）图根导线测量成果（包括测角记录表、水准测量记录表、边长丈量记录表）。

（3）2km 公路路线测量资料。

（4）地形图。

（5）2km 公路路线纵、横断面图。

注：每组应将上交的资料装订成册。

第四部分　工程测量实训答疑集锦

1．如何理解地面点的定位体系？

答题参考思路：测量学的基本内容是确定地面点的空间位置，它是相对于地球定位的。我们在测量工作中选择一个能代表地球形状和大小且相对固定的理想曲面作为测量的基准面，利用地面点在基准面上的位置投影和高度来确定点的空间位置。通常把地球总的形状看作是被海水包围的球体。把它设想为一个自由平静的海水面，向陆地延伸而形成的封闭的曲面，也称为水准面。水准面有无数个。通过平均海水面的那个水准面叫做大地水准面，它是唯一的，用它可衡量地面点的绝对高程。大地水准面就是高程的基准面。

由于地球内部质量分布不均匀，大地水准面实际上是有微小起伏的不规则曲面，将其近似成为规则形体即旋转椭球体，把旋转椭球面作为测量计算的基准面，可确定点的平面位置。

2．水准测量时，为什么测量人员总是将水准仪置于前、后视距离大致相等的位置？

答题参考思路：其理由主要是消除由于视线不水平所引起的观测误差；另外还消除调焦透镜运行的误差、地球曲率的影响和大气折光的影响。

3．水准测量中，怎样提高读数精度？

答题参考思路：(1)读数时先估读 mm 数，再读出 m、dm、cm 数，按由小到大的方向读数；(2)消除视差现象。(3)按规程操作仪器。

4．如何理解高差的“正”“负”号？

答题参考思路：两点之间高差为“正”表示后视点低，前视点高；两点之间高差为“负”表示后视点高，前视点低。

5．用测回法观测水平角，当测回数大于 2 时如何变换水平度盘起始方向读数值？

答题参考思路：当在同一测站上测回数大于 2 时，为了减小度盘刻画等误差的影响，每测回起始方向的水平度盘读数应按 $180°/m$ 变换。例如测回数 $m=3$，第一测回起始方向水平度盘读数略大于 0°；第二测回起始方向水平度盘读数略大于 60°；第三测回起始方向水平度盘读数略大于 120°。

6．如何提高水平角观测精度？

答题参考思路：提高水平角观测精度：(1)认真检校仪器；(2)仔细对中、整平；(3)采用测回法观测，测回数大于 2 时，注意按 $180°/m$ 变换起始方向度盘位置；(4)注意照准误差和标杆倾斜误差以及读数误差；(5)注意外界条件的影响，如风、温度、大气折光等，为了削弱误差的影响，应选择有利的观测时间和观测方法，避开不利因素。

7．如何理解“测定一点竖直角，若仪器高度不同，瞄准该目标时所测竖直角也不同”？

答题参考思路：测定一点竖直角的目的是为了确定测站点与目标点的高差。其高差等于仪器高加上所测竖直角的对边高度。当仪器增高时，竖直角变小，其对边高度相应减小，但仪器高增大；当仪器降低时，竖直角变大，其对边高度相应增大，但仪器高减小。这两种情况得到的高差不变。

8. 竖直角测量时,如何确定竖直角的计算公式?

答题参考思路:

要点:理解竖直角的概念及其正、负号的意义。

规律:先写出盘左竖直角的计算公式。盘左望远镜从水平状态将物镜端稍稍抬高,检查竖盘读数增大还是减小,如竖盘读数从 90°减小,则盘左的竖直角 $\alpha_L = 90° - L$(L 为瞄准目标时盘左的竖盘读数);如竖盘读数从 90°增大,则盘左的竖直角 $\alpha_L = L - 90°$。相应的盘右竖直角的计算公式,前者 $\alpha_R = R - 270°$;后者 $\alpha_R = 270° - R$(R 为瞄准目标时盘左的竖盘读数)。

9. 如何提高经纬仪的安置速度(采用光学对中器对中)?

答题参考思路:

(1)将仪器置于测站点上,三个脚螺旋至中间位置,架头大致水平。使光学对中器大致位于测站上,将三脚架踩实。

(2)旋转光学对中器的目镜,看清分划板上的圆圈,拉或推动目镜使测站点影像清晰。

(3)旋转脚螺旋使光学对中器对准测站点。

(4)伸缩三脚架腿,使圆水准器气泡居中。

(5)用脚螺旋精确整平管水准器。

(6)如果光学对中器的分划圈不在测站点上,应松开连接螺旋,在架头上平移仪器,使分划圈对准测站点。

(7)重新整平仪器,依此反复进行直至仪器整平后,使光学对中器分划圈对准测站点为止。

当仪器操作熟练后,可把第(3)步省略。

10. 选用 DJ_6 光学经纬仪,采用测回法观测水平角时,为何上、下半测回角值之差不应超过 ±40″?

答题参考思路:

(1)DJ_6 型经纬仪一测回的方向中误差 $m_{方} = \pm 6''$。

(2)一测回角值 β 为两方向值之差,则一测回角值的中误差应为:

$$m_\beta = m_{方}\sqrt{2} = \pm 8''5$$

(3)一测回角值为盘左、盘右两个半测回角值的平均值,故半测回角值的中误差为:

$$m_{半} = m_\beta \sqrt{2} = \pm 8''5\sqrt{2}$$

(4)两个半测回角值较差的中误差:

$$m_\Delta = m_{半}\sqrt{2} = \pm 17''$$

顾及其他因素的影响取 $m_\Delta = \pm 20''$,则极限值应为:

$$m_{\Delta极} = 2m_\Delta = \pm 40''$$

11. 如何计算距离丈量的精度?

答题参考思路:

(1)往返丈量后,取其平均值作为丈量成果,精度用相对误差表示,即:

$$K = \frac{|\Delta D|}{D_{平}} = \frac{1}{D_{平}/|\Delta D|}$$

(2)一段距离丈量两次以上,结果取算术平均值,其相对误差 $K = \frac{1}{x/M}$(x 为算术平均值;M 为算术平均值中误差)。

12．用钢尺丈量某段直线长度的基本要求是什么？

答题参考思路：有三个基本要求："直、平、准"。直，就是要量两点间的直线长度，不是折线或曲线长度，为此定线要直，尺要拉直；平，就是要量两点间的水平距离，要求尺身水平，如果量取斜距也要改算成水平距离；准，就是对点、投点、计算要准。

13．地面上某点的标准方向有哪些？

答题参考思路（见图 4-1）：

真子午线方向：通过该点真子午线指向地球北极的切线方向①。

轴子午线方向：是大地坐标系中纵坐标的北方向②。

磁子午线方向：通过该点磁子午线指向地球磁北极的切线方向③。一般用罗盘仪测定。

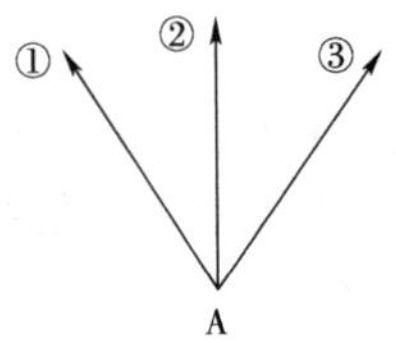

图 4-1

14．系统误差有何特点和规律？并列举测量中常见的系统误差。

答题参考思路：特点和规律：（1）同一性，误差的绝对值为一常量或按一定规律变化；（2）单向性，误差的正负号保持不变；（3）累积性，误差的绝对值随着单一观测值的倍数而累积。

常见的系统误差有：水准仪 i 角误差、地球曲率误差、大气折光误差；经纬仪视准轴与横轴不垂直的误差、读盘偏心差、尺长误差等。

15．偶然误差有何特点和规律？并列举测量中常见的偶然误差。

答题参考思路：特点和规律：（1）有界性，误差的大小不超过一定的界限；（2）单峰性，小误差出现的机会比大误差多；（3）对称性，互为反数的误差出现机会相同；（4）补偿性，误差的平均值的极限值趋于零。

常见的偶然误差有：水准管气泡居中误差、读数估读误差、经纬仪度盘刻画误差、对中误差、标杆倾斜误差、照准误差、对点投点误差等。

16．对某量观测的几组数据，人们往往取算术平均值作为最后结果，举例说明理由。

答题参考思路：设对某一未知量 P 在相同观测条件下进行多次观测，观测值分别为 L_1，L_2，…，L_n，其中误差均为 m，算术平均值 x 的中误差为 M。

$$x = \frac{\sum_{i=1}^{n} L}{n} = \frac{1}{n}L_1 + \frac{1}{n}L_2 + \cdots + \frac{1}{n}L_n$$

式中，$\frac{1}{n}$为常数，根据线性函数中误差的公式，算术平均值的中误差为：

$$M^2 = \left(\frac{1}{n}m_1\right)^2 + \left(\frac{1}{n}m_2\right)^2 + \cdots \left(\frac{1}{n}m_n\right)^2$$

因为 $m_1 = m_2 = \cdots = m_n = m$，得 $M = \pm \frac{m}{\sqrt{n}}$。

从上式可知，算术平均值中误差是观测值中误差的$\frac{1}{\sqrt{n}}$倍，所以把算术平均值作为最后结果。

17．如何实施导线测量工作？

答题参考思路：

（1）导线测量外业工作：

①选择导线形式。

②实地选点、埋石。

③测量导线边长。

④用测回法观测导线转折角。

(2)导线测量内业计算,根据已知的起算数据和外业的观测成果,计算各导线点的平面坐标。

18．获得起始边坐标方位角有哪几种方法?

答题参考思路:

(1)直接从已有的成果中抄用。

(2)用罗盘仪测定。

(3)根据起始边两已知点坐标进行反算。

19．闭合导线和附合导线内业计算有什么区别?

答题参考思路:

(1)角度闭合差的计算公式不同。

闭合导线:
$$f_\beta = \sum\beta_{测} - (n-2)\cdot 180°$$

式中:n——闭合导线的转折角数;

$\sum\beta_{测}$——观测角的总和。

改正数:

$$V_{\beta_i} = -\frac{f_\beta}{n}$$

附合导线:

$$f_\beta = (\alpha_{始} - \alpha_{终}) \pm \begin{matrix}\sum\beta_{左} \\ \sum\beta_{右}\end{matrix} \mp n\cdot 180°$$

改正数:

$$V_{\beta_i} = \frac{f_\beta}{n} \quad (\beta\text{为右角时})$$

$$V_{\beta_i} = -\frac{f_\beta}{n} \quad (\beta\text{为左角时})$$

(2)坐标增量闭合差的计算公式不同。

闭合导线:

$$f_x = \sum\Delta x_{算}$$
$$f_y = \sum\Delta y_{算}$$

式中:f_x——纵坐标增量闭合差;

f_y——横坐标增量闭合差。

附合导线:

$$f_x = \sum\Delta x_{算} - (x_{终} - x_{始})$$
$$f_y = \sum\Delta y_{算} - (y_{终} - y_{始})$$

20．地形图测绘的程序是怎样的?

答题参考思路:

(1)控制测量:包括外业和内业。

(2)测图前的准备工作:资料和仪器的准备、图纸准备、展绘测图控制点。

(3)碎部测量:将碎部点测定到图纸上。

(4)地形图的拼接、整饰与检查。

21. 如何用目估法勾绘等高线?

答题参考思路:

要领:先定两头,后等分中间。

如图4-2中A、B两点地形点高程分别为52.8m和57.4m。设等高距为1m,通过A、B两点之间的等高线有53m、54m、55m、56m、57m。

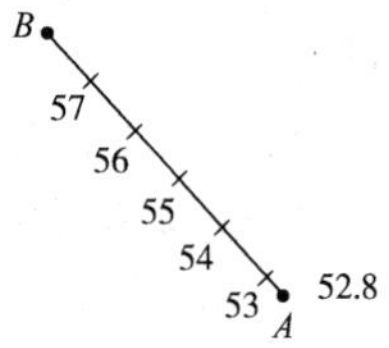

图 4-2

(1)先定53m和57m等高线的位置。AB的高差为4.6m,53m等高线与A点的高差为0.2m,57m等高线与B点的高差为0.4m,将A、B两点的平距等分5次,得到高差0.2m对应的平距;用分规从A点截取高差0.2m的平距可定出53m等高线,从B点截取高差0.4m的平距可定出57m等高线。

(2)将53m和57m等高线之间的平距4等分,定出54m、55m、56m等高线的位置。

22. 跑尺员如何合理选择碎部点的位置?

答题参考思路:地物点应选在轮廓线的方向变化处;地貌点选山脊线、山谷线、山脚线、坡度变换点和方向变换点及山顶、鞍部等特征点,一般规定地形点间在图上的最大距离不应超过3cm。

23. 基平测量时,水准点的位置如何选择?

答题参考思路:基平测量的任务是沿线设置水准点,并测定其高程。水准点应选择在勘测和施工过程中引测方便并不致遭到破坏的地方,一般横向距中线50~200m为宜;纵向间距平原微丘区1000m左右,山岭重丘区500m左右。

24. 中平测量的目的及原理是什么?

答题参考思路:中平测量是根据基平测量提供的水准点高程,按附合水准路线施测各中桩的地面高程。

中桩的地面高程测量采用视线高法,其计算公式:

$$\text{视线高程}=\text{后视点高程}+\text{后视读数}$$

$$\text{中桩高程}=\text{视线高程}-\text{中视读数}$$

$$\text{转点高程}=\text{视线高程}-\text{前视读数}$$

25. 中平测量的精度应如何控制?

答题参考思路:中平测量的精度要求,一般采取测段高差与两端基平水准点高差之差的限差不应超过$\pm 50\sqrt{L}$mm(L以km计)。中桩地面高程的偏差不得超过±10cm。

26. 横断面测量的精度应如何控制?

答题参考思路:

(1)高速公路、一级公路。

$$\text{水平距离容许误差:}\pm(L/100+0.1)$$

$$\text{高程容许误差:}\pm(h/100+L/200+0.1)$$

(2)二级以下公路。

$$\text{水平距离容许误差:}\pm(L/50+0.1)$$

$$\text{高程容许误差:}\pm(h/50+L/100+0.1)$$

式中:L——测点至中桩的水平距离(m);

h——测点至中桩的高差(m)。

27. 用切线支距法测设单圆曲线的程序是什么?

答题参考思路：

（1）圆曲线主点测设：圆曲线元素 T、L、E、D 的计算；主点桩号的计算；主点测设。

（2）按整桩距（或整桩号）编写加桩号；计算加桩点至坐标原点的曲线长 l 及对应的圆心角；计算加桩点的坐标。

$$\begin{cases} x = R\sin\varphi \\ y = R(1-\cos\varphi) \end{cases}$$

$$\varphi = \frac{1}{R}\cdot\frac{180°}{\pi}$$

（3）按坐标 x、y 实地定出加桩点位。

28．用偏角法测设单圆曲线的程序是什么？

答题参考思路：

（1）圆曲线主点测设：圆曲线元素 T、L、E、D 的计算；主点桩号的计算；主点测设。

（2）按整桩距（或整桩号）编写加桩号；计算加桩点至坐标原点的曲线长 l 及对应的圆心角 φ；计算加桩点的偏角 Δ 及弦长 C；

$$\Delta = \frac{l}{2R}\cdot\frac{180°}{\pi}$$

$$C = 2R\sin\Delta$$

（3）在坐标原点安置经纬仪拨角 Δ，量取弦长 C 定出加桩点位。

29．切基线法测设两个同半径圆曲线的基本思路是什么？

答题参考思路：设基线为 AB，两个同半径曲线的半径为 R，切线长分别为 T_1、T_2，A、B 两点转角 α_A、α_B。如图 4-3 所示。

测设的基本思路：（1）测量基线长，观测 α_A、α_B；（2）利用基线 $AB = T_1 + T_2$ 反算半径 R；（3）根据 R、α_A 和 R、α_B 计算测设元素 T_1、L_1、E_1、D_1 和 T_2、L_2、E_2、D_2；（4）按单圆曲线测设方法施测即可。

30．复曲线测设的基本思路是什么？

答题参考思路：如图 4-4 所示。

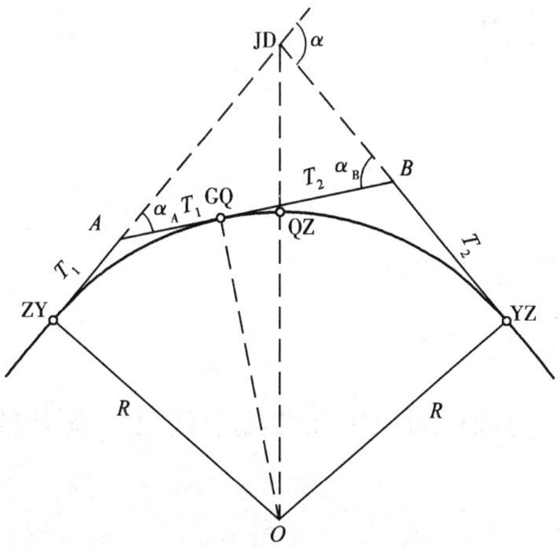

图 4-3

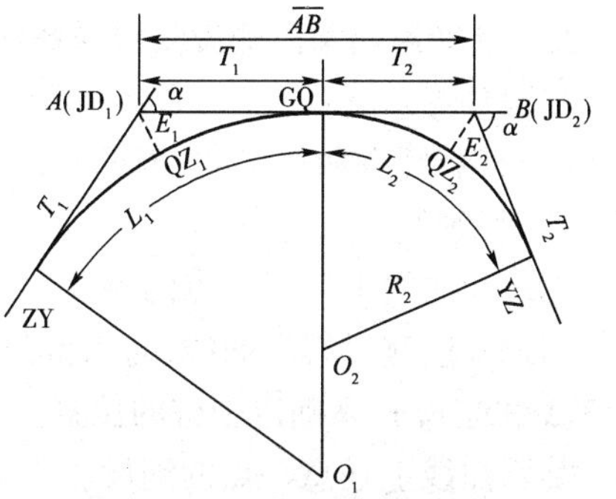

图 4-4

（1）选定主曲线半径，计算主曲线的测设元素；（2）根据切基线条件 $AB = T_1 + T_2$ 计算副曲线的切线长 $T_2 = AB - T_1$；（3）由副曲线的切线长 T_2 和转角计算副曲线半径；（4）根据转角和半径便可进行主、副曲线的测设。

31. 带缓和曲线的圆曲线测设元素包括哪些?

答题参考思路:缓和曲线常数有缓和曲线终点切线角 β_0、内移值 P、切线增长值 q、缓和曲线终点坐标 x_n、y_h 及缓和曲线起点和终点切线长 t_d、t_k;测设元素有 T_h、L_h、E_h、D_h。

32. 怎样用切线支距法测设带缓和曲线段的圆曲线?

答题参考思路:

(1)计算缓和曲线常数、测设元素、推算主点桩号、主点测设。

(2)详细测设。

①缓和曲线段内任意点的测设。

以 ZH(HZ)点为坐标原点,切线方向为 x 轴,法线方向为 y 轴,对于缓和曲线段内任意一点 P,其坐标可按下式计算:

$$\begin{cases} x = l - \dfrac{l^5}{40R^2L_s^2} \\ y = \dfrac{l^3}{6RL_s} \end{cases}$$

②圆曲线段内任意点的测设。

以 ZH(HZ)点为坐标原点,切线方向为 x 轴,法线方向为 y 轴。加桩点 P 的计算公式:

$$\begin{cases} x_p = R\sin\left(\dfrac{l}{R} \cdot \dfrac{180°}{\pi}\right) + q \\ y_p = R\left[1 - \cos\left(\dfrac{l}{R} \cdot \dfrac{180°}{\pi}\right)\right] + p \end{cases}$$

式中:l——加桩点至 HY(YH)点的曲线长再加 $L_s/2$。

以 HY(YH)为坐标原点,切线方向为 x 轴,法线方向为 y 轴。加桩点 P 的计算公式:

$$\begin{cases} x_p = R\sin\left(\dfrac{l}{R} \cdot \dfrac{180°}{\pi}\right) \\ y_p = R\left[1 - \cos\left(\dfrac{l}{R} \cdot \dfrac{180°}{\pi}\right)\right] \end{cases}$$

式中:l——加桩点至坐标点 HY(YH)的曲线长。

33. 怎样用偏角法测设带缓和曲线段的圆曲线?

答题参考思路:

(1)计算缓和曲线常数、测设元素、推算主点桩号、主点测设。

(2)详细测设。

①缓和曲线上任意一点的测设。

用偏角法测设缓和曲线,与用偏角法测设圆曲线类似,利用缓和曲线上任意一点 P 的偏角值 Δ 和弦长 C 来确定中桩的位置。

②圆曲线上任意一点的测设。

置仪器于 HY(或 YH)点,找出 HY(或 YH)点切线,即可按偏角法测设圆曲线的方法进行测设。

34. 坐标法放样平面点位的思路及参数计算方法。

答题参考思路:设控制点 A、B 及放样点 P 的坐标均为已知。如图 4-5 所示。

(1)计算 AP 的距离 D,计算方位角 α_{AB}。

(2)计算 $\beta = \alpha_{AP} - \alpha_{AB}$。

(3)经纬仪安置于 A 点,按照参数 β、D 即可定出 P 点,用正倒镜分中法可提高放样精度。

35. 角度交会法放样平面点位的思路及参数计算方法。

答题参考思路:设控制点 A、B 及放样点 P 的坐标值均已知。如图 4-6 所示。

(1)根据坐标计算方位角 α_{AB}、α_{AP}、α_{BP}、α_{BA}。

(2)计算放样参数 $\beta_A = \alpha_{AB} - \alpha_{AP}$;$\beta_B = \alpha_{BP} - \alpha_{BA}$。

(3)在 A、B 两点上分别安置经纬仪拨角 β_A、β_B 即可交会出 P 点位置,为提高精度采用正倒镜分中法和设骑马桩的方法测设。

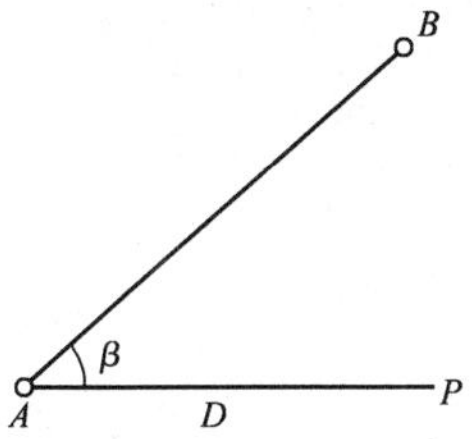

图 4-5

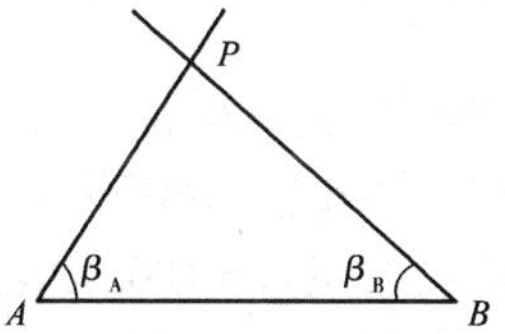

图 4-6

36. 用全站仪进行公路中线测设与用经纬仪测设公路中线有何区别?

答题参考思路:经纬仪测设公路中线是先定出交点,在交点测定转角,按照选定的圆曲线半径和缓和曲线长度,从路线起点依次将路线中线测设在实地上。

全站仪测设公路中线,先在设计文件中或图上量取各交点坐标,定出圆曲线的半径和缓和曲线长度,据此计算路线中桩的坐标;然后将仪器置于实地布设的导线点上,利用各中桩的坐标,将其直接测设在实地上。

37. 如何进行视距测量?

答题参考思路:以经纬仪测绘法为例,测定 A、B 两点间的水平距离 D 和 B 点高程。如图 4-7 所示。

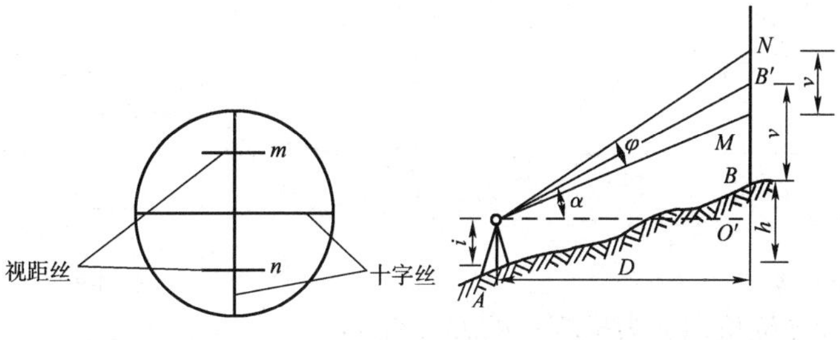

图 4-7

(1)在测站 A 安置经纬仪,量取仪器高 i,在测点 B 竖立塔尺。

(2)盘左位置照准塔尺(尽量瞄准便利高 i),固定望远镜,读取视距间隔 n(n 为上、下丝读数之差)、竖盘读数 L,中丝读数 V($V=i$ 时,可不读)。

(3)竖直角 α 根据竖盘刻画规律确定。水平距离和高程用下式计算:

$$D = kn\cos^2\alpha$$

$$h = D\tan\alpha + i - V$$

$$H_B = H_A + h_{AB}$$

式中：k——仪器乘常数，$k=100$。

38. 如何进行导线点坐标的正算与反算？

答题参考思路：

(1)导线点坐标的正算：用已知导线点的坐标，导线边的方位角和边长计算导线边的坐标增量，推算待定点的坐标。

(2)导线点坐标的反算：根据两个已知点的坐标反算其坐标方位角和边长。如图4-8所示。设A、B坐标已知，分别为$A(X_A, Y_A)$和$B(X_B, Y_B)$，则

$\alpha'_{AB} = \tan^{-1}\dfrac{|\Delta Y|}{|\Delta X|}$

AB在第Ⅰ象限，$\alpha_{AB} = \alpha'_{AB}$

AB在第Ⅱ象限，$\alpha_{AB} = 180° - \alpha'_{AB}$

AB在第Ⅲ象限，$\alpha_{AB} = 180° + \alpha'_{AB}$

AB在第Ⅳ象限，$\alpha_{AB} = 360° - \alpha'_{AB}$

$$D_{AB} = \sqrt{(\Delta X_{AB})^2 + (\Delta Y_{AB})^2}$$

39. 如何推算导线边的坐标方位角？

答题参考思路：

(1)计算公式：$\alpha_{前} = \alpha_{后} \begin{matrix} +\beta_{左} \\ -\beta_{右} \end{matrix} \mp 180°$

(2)公式说明：如图4-9所示。

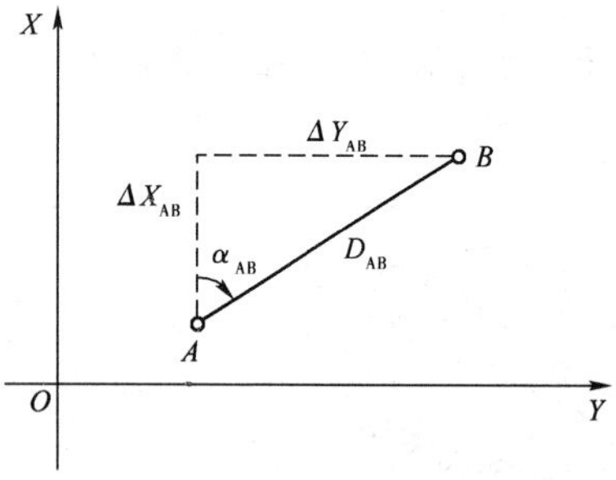

图 4-8

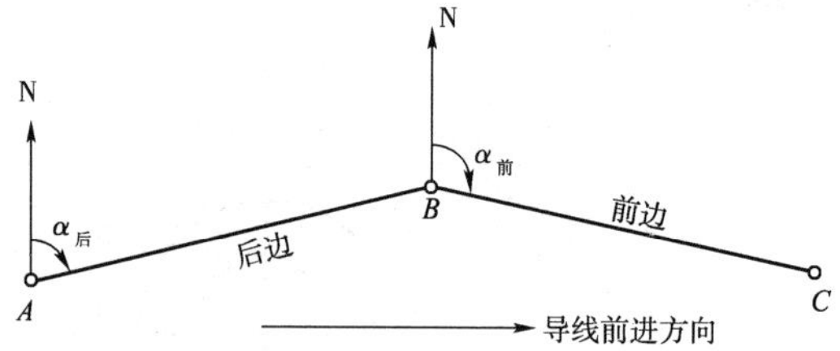

图 4-9

①$\alpha_{后}$为已知边方位角，$\alpha_{前}$为推算边的方位角。

②$\beta_{左}$、$\beta_{右}$为已知边和推算边的水平夹角，即$\alpha_{后}$与$\alpha_{前}$两条边的水平夹角。

③按推算方向，β角在导线边的左侧为左角，用$\beta_{左}$表示；反之为右角，用$\beta_{右}$表示。

(3)记忆规律：

"左加右减"即指"β"前的符号，β为左角时，取"加"，β为右角时，取"减"。常数180°前的符号相应变号"左减右加"。

(4)备注：计算结果$\alpha_{前}$大于360°时，减360°；小于0°时，加360°。

40. 在实施水准测量时应注意哪些事项？

答题参考思路：

(1)用目估或步测尽量保持前、后视距基本相等。

(2)在一测站上,仪器脚架要踩实,观测速度要快,以减少仪器下沉。转点处要用尺垫。

(3)仔细对光,消除视差,估数准确。读完数后再检查气泡是否居中。

(4)经常注意塔尺相接处是否严密,清除尺底泥土。

(5)双手扶尺,保证扶尺竖直。

(6)记录要原始、规范,读数时,记录员要复诵,以便核对。

(7)操作仪器要规范、细心,加强校核。

41. 在实施角度测量时应注意哪些事项?

答题参考思路:

(1)仪器要稳定。防止仪器的不均匀下沉,测站应选在土质坚实的地方,要踏实三脚架使其稳定,观测时不要碰动三脚架。

(2)对中要准确。安置仪器时应仔细对中;当视线短时,对中误差不应超过3mm;当水平角接近180°时,在与短边垂直方向上,对中尤其要严格。

(3)整平要仔细。一般规定在观测过程中水准管气泡偏离中央不应大于半格,若偏离超过一格,应重新整平;当观测目标的竖直角很大时,更要注意仪器的整平。

(4)目标要照准。观测时应尽量照准标志中心或目标的底部;后视要选在长边上,对光要仔细,注意消除视差。

(5)操作要规范。用测微轮时要用同一方向进行符合;强光时要给仪器打伞,选择在天气比较稳定和清晰的天气条件下进行观测。

(6)估读要准确。要记住所用仪器的度盘注记形式,精确估读尾数。

(7)观测要校核。为了消除视准轴不垂直横轴以及横轴不垂直竖轴对测角的影响,应采取盘左和盘右两次观测,误差在允许范围内,取平均值作为观测成果;对于度盘分划误差可以采用度盘的不同位置进行测角,以减少误差。

42. 全站仪的主要技术操作方法有哪几步?

答题参考思路:以 TOPCON GTS—6 全站仪为例。

(1)角度测量。

①测站点上安置全站仪。

②开机,自动检查电池电量。

③进入角度测量模式。先照准左目标 A;水平角置 00°00′00″;照准右目标 B,显示 A 到 B 的水平角。

(2)距离测量。

①、②同上。

③进入距离测量模式。置入气象改正、棱镜常数;新测边的另一端安置棱镜;照准棱镜中心,显示出距离结果。

(3)坐标测量。

①、②同上。

③置入气象改正、棱镜常数;另一端安置棱镜。

④量仪器高、棱镜高。

⑤置入起始边方向角。

⑥置入测站点坐标、仪器高、棱镜高。

⑦照准棱镜，在坐标模式下，测量显示棱镜位置处点的坐标(N,E,Z)。

43. 电子水准仪与光学水准仪在读数上的区别是什么？

答题参考思路：光学水准仪是通过光学成像原理将水准尺的影像放大，并读取水平视线的塔尺读数。

电子水准仪是利用中央处理器对单平面上新形成的图像信息自动编码程序，通过望远镜中的照相机摄取条码水准尺上的图像信息，传输给数据处理系统，自动地按编码转换成水准尺读数和水平距离或其他新需要的数据。

44. 电子经纬仪与光学经纬仪在读数上的区别是什么？

答题参考思路：光学经纬仪是利用光学成像原理，读数的光路系统将观测方向投影在水平度盘和竖直度盘上，得到该位置的度盘读数。电子经纬仪是利用编码度盘（或光栅度盘、格区式度盘）度盘形式获取电信号，识别照准目标的落在度盘区间的编码（或光栅数、光栏分画数）显示出该位置的度盘读数。

45. 用测回法观测水平角和竖直角可以消除或削弱哪些误差？

答题参考思路：主要可消除或削弱：视准轴不垂直于横轴、横轴不垂直于竖轴、度盘偏心差等的误差以及竖盘指标差。

交通职业教育路桥类专业规划教材配套教材

Gongcheng Celiang Shixun Baogao

工程测量实训报告

张保成　编著

人民交通出版社

内 容 提 要

本书是交通职业教育路桥类专业规划教材《工程测量》的配套教材。为便于教学使用，分两册装订。《工程测量实训指导书》内容包括：工程测量实训须知、课间实训指导、教学实训指导和工程测量实训答疑集锦。《工程测量实训报告》内容包括：工程测量课间实训报告与记录表格式、教学实训报告与记录计算表格式。

本书作为交通职业教育高职高专院校、中等职业学校、技工学校、职业高中路桥类专业教学用书，也可供交通职工、工程技术人员和测绘工作者学习参考。

图书在版编目（CIP）数据

工程测量实训报告/张保成编著.—北京：人民交通出版社，2007.6

ISBN 978-7-114-06448-7

Ⅰ.工… Ⅱ.张… Ⅲ.工程测量 Ⅳ.TB22

中国版本图书馆CIP数据核字（2007）第033817号

交通职业教育路桥类专业规划教材配套教材

书　　名：工程测量实训报告
著 作 者：张保成
责任编辑：袁　方
出版发行：人民交通出版社股份有限公司
地　　址：（100011）北京市朝阳区安定门外外馆斜街3号
网　　址：http://www.ccpress.com.cn
销售电话：（010）59757973
总 经 销：人民交通出版社股份有限公司发行部
经　　销：各地新华书店
印　　刷：北京市密东印刷有限公司
开　　本：787×1092　1/16
印　　张：5.5
字　　数：126千
版　　次：2007年6月　第1版
印　　次：2017年1月　第5次印刷
书　　号：ISBN 978-7-114-06448-7
印　　数：14001-16000册
定　　价：30.00元（两书总定价）
（有印刷、装订质量问题的图书由本社负责调换）

前 言

《工程测量实训报告》与《工程测量实训指导书》配套使用，是交通职业教育路桥类专业规划教材《工程测量》的配套教材，按照教育部颁布的《工程测量》课程教学基本要求、工程测量实训教学基本要求、测量工（中级工）职业技能鉴定目标以及职业教育人才培养目标的要求编写。

本书在编写过程中总结了各校近几年工程测量课程教学改革的经验，本着科学性、实用性和先进性的编写指导思想，注重实践教学和操作技能训练，突出职业教育对学生动手能力培养的特色，便于教师教学和指导学生实训，并努力缩短学校教学和工作岗位之间的距离，为实现学生零距离上岗做有益的尝试和探索。

为方便教、学双方使用，本书分《工程测量实训指导书》和《工程测量实训报告》两册装订。学生可直接在实训报告上完成书面作业，以规范学习行为，便于学校进行教学实训环节管理。

本书由内蒙古大学交通学院张保成编著。

由于编者水平有限，错误和缺点在所难免，希望读者提出宝贵意见，以便再版时改正。

编著者

2007.1

目　录

第一部分

工程测量课间实训报告与记录表格式

实训一　DS_3 型水准仪的认识与技术操作实训报告

日期：________　班级：________　组别：________　姓名：________　学号：________

1. 在下图引出的标线上标明仪器部件的名称。

2. 用箭头标明如何转动三只脚螺旋，使下图所示的圆水准器气泡居中。

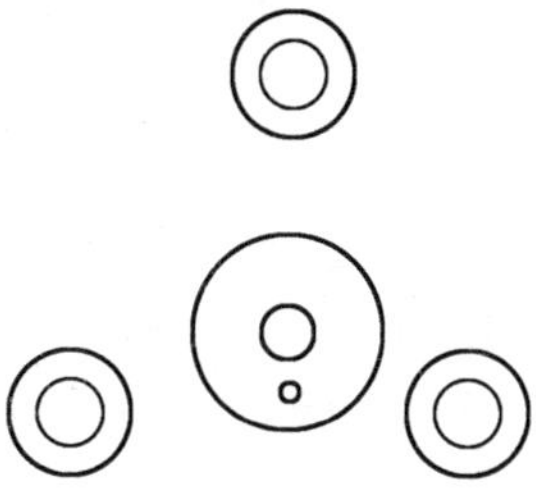

3. 对光消除视差的步骤是：转动__________使__________清晰，再转动__________螺旋使__________清晰。如发现__________现象，说明存在__________，则必须再转动__________，直至__________面和__________面重合。

4. 用微倾式水准仪进行水准测量时，除了使__________气泡居中外，读数前还必须转动__________螺旋，使__________气泡居中，才能读数。若使下图气泡影像符合，请用箭头标出操作螺旋的转动方向。

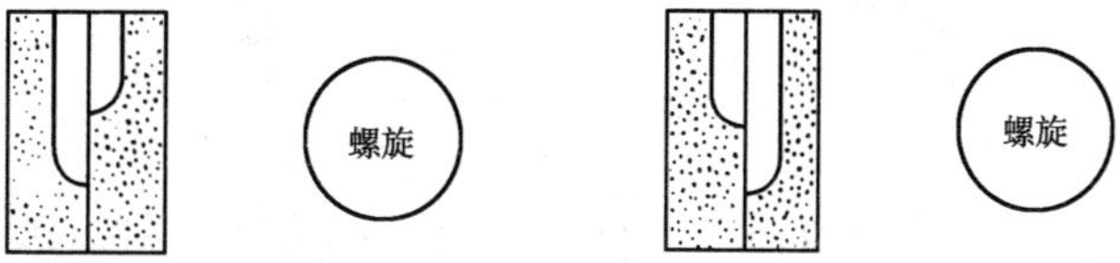

5. 实训总结

实训二

实 训 报 告

日期:________ 班级:________ 组别:________ 姓名:________ 学号:________

实训题目	**普通水准测量**	成绩	
实训技能目标			
主要仪器及工具			
实训场地布置草图			
实训主要步骤			
实训总结			

实训二　　普通水准测量记录表

仪器型号:________	日期:________	班级:________	观测者:________
工程名称:________	天气:________	组别:________	记录者:________

测　点	后视读数(m)	前视读数(m)	高差(m)		高程(m)	备　注
			+	−		
Σ						
$\Sigma a - \Sigma b$			$\Sigma h =$			

实训三　　　　　实 训 报 告

日期:________　班级:________　组别:________　姓名:________　学号:________

实训题目	**四等水准测量**	成绩	
实训技能目标			
主要仪器及工具			
实训场地布置草图			
实训主要步骤			
实训总结			

实训三　　四等水准测量记录表

测自：__________至__________止　　天气：__________　　观测者：__________

时间：__________年____月____日　　成像：__________　　记录者：__________

测站编号	点号	后尺 下丝	前尺 下丝	方向及尺号	标尺读数（m）		K+黑-红（mm）	高差中数（m）	备注
		后尺 上丝	前尺 上丝		黑面	红面			
		后视距（m）	前视距（m）						
		视距差 d（m）	$\sum d$（m）						
		(1)	(4)	后	(3)	(8)	(10)		
		(2)	(5)	前	(6)	(7)	(9)		
		(15)	(16)	后-前	(11)	(12)	(13)	(14)	
		(17)	(18)						
				后					
				前					
				后-前					
				后					
				前					
				后-前					
				后					
				前					
				后-前					
				后					
				前					
				后-前					

校核			
	Σ(15) =	Σ(3) =	Σ(8) =
	Σ(16) =	Σ(6) =	Σ(7) =
	(18)末站 =	Σ(11) =	Σ(12) = Σ(14) =
	总视距 L =	$\frac{1}{2}$[(11) + (12) ±0.100] =	

实训四　　微倾式水准仪的检验与校正实训报告

仪器型号:____________　　班组:____________　　检验者:____________

仪器编号:____________　　日期:____________　　记录者:____________

1. 一般性检验结果是:三脚架________,制动与微动螺旋________,微倾螺旋________,对光螺旋________,制动与微动螺旋________,望远镜成像________。
2. 水准仪的主要轴线有____,它们之间正确的几何关系是____。
3. 在对圆水准器轴与仪器竖轴是否平行的检校过程中,请用虚圆圈绘出下列情况下的气泡位置:a)仪器整平后;b)仪器转 180°后;c)校正时,用________校正气泡偏离量的________后;d)用________调整气泡偏离量的________;e)仪器转 180°时再检验。

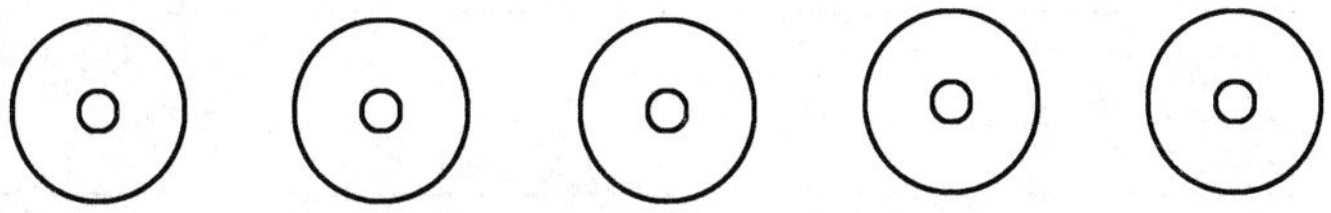

a)　　b)　　c)　　d)　　e)

4. 在对十字丝横丝与仪器竖轴是否垂直的检校过程中,请在下图中绘出十字丝横丝与目标点的位置关系。

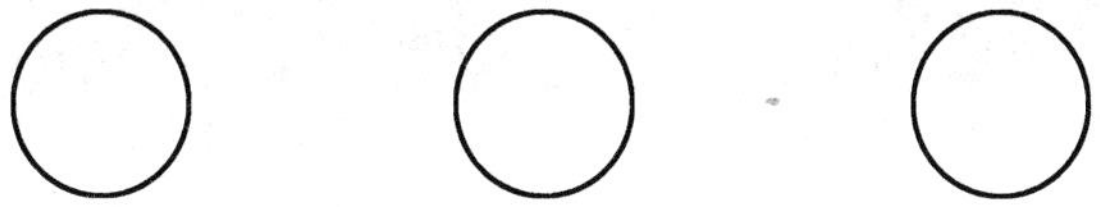

5. 对水准管轴与视准轴是否平行的检校记录

仪器位置	项　　目	第一次	第二次	第三次
在 A、B 两点中间置仪器测高差	后视 A 点尺上读数 a_1			
	前视 B 点尺上读数 b_1			
	$h_{AB}=a_1-b_1$			
在 B 点附近置仪器进行检校	A 点尺上读数 a_2			
	B 点尺上读数 b_2			
	计算 $a'_2=b_2+h_{AB}$			
	偏差值 $\Delta a=a_2-a'_2$			
	是否需校正			
6. 描述校正方法				
7. 实训总结				

实训五　　实 训 报 告

日期:________　班级:________　组别:________　姓名:________　学号:________

实训题目	自动安平水准仪、电子水准仪的认识与技术操作	成绩	
实训技能目标			
主要仪器及工具			
实训场地布置草图			
实训主要步骤			
实训总结			

实训六 DJ$_6$ 级光学经纬仪的认识与技术操作实训报告

仪器型号:______________ 班组:______________ 检验者:______________

仪器编号:______________ 日期:______________ 记录者:______________

1. 在下图引出的标线上标明仪器部件的名称。

2. 从读数窗中观察到分微尺的最小格值为__________″。

3. 将水平度盘读数设置为 00°00′30″,60°02′30″,120°01′00″。

4. 用箭头标明如何转动三只脚螺旋,使下图所示的水准管气泡居中。

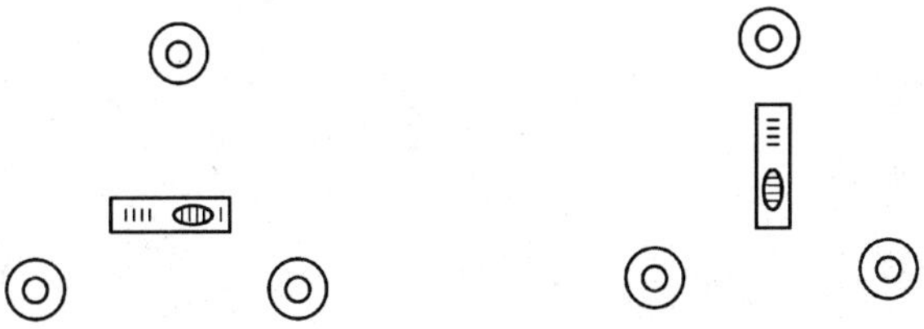

5. 观测记录练习

测　　站	目　　标	盘左读数	盘右读数	备　　注

6. 实训总结	

实训七　DJ_2 级光学经纬仪的认识与技术操作实训报告

仪器型号:______________　　班组:______________　　检验者:______________
仪器编号:______________　　日期:______________　　记录者:______________

1. 在下图引出的标线上标明仪器部件的名称。

2. 从读数窗中观察到测微尺的最小格值为__________″。
3. 将水平度盘读数设置为00°00′30″,60°02′30″,120°07′00″。
4. 绘出所用仪器的读数窗示意图。

5. 观测记录练习

测　　站	目　　标	盘　　位	水平度盘读数	竖直度盘读数	备　　注

6. 实训总结	

实训八

实 训 报 告

日期:________ 班级:________ 组别:________ 姓名:________ 学号:________

实训题目	**用测回法观测水平角**	成绩	
实训技能目标			
主要仪器及工具			
实训场地布置草图			
实训主要步骤			
实训总结			

实训八　　用测回法测角记录表

仪器型号：________　日期：________　班级：________　观测者：________

工程名称：________　天气：________　组别：________　记录者：________

测站	盘位	目标	水平度盘读数（°　′　″）	水平角		备　注
				半测回角值（°　′　″）	一测回角值（°　′　″）	
	左					
	右					
	左					
	右					
	左					
	右					
	左					
	右					

实训九 　　　　　　**实 训 报 告**

日期:________ 　班级:________ 　组别:________ 　姓名:________ 　学号:________

实训题目	用方向观测法观测水平角	成绩	
实训技能目标			
主要仪器及工具			
实训场地布置草图			
实训主要步骤			
实训总结			

实训九

用方向观测法测角记录表

等级：________ 测区：________ 班级：________ 观测者：________

仪器：________ 天气：________

日期：________ 成像：________ 组别：________ 记录者：________

测站	测回数	目标	读数		2c = 左 − (右 ± 180°) (″)	$\frac{左+(右\pm180°)}{2}$ 方向值 (° ′ ″)	一测回归零方向值 (° ′ ″)	各测回平均方向值 (° ′ ″)	角值 (° ′ ″)
			盘左 (° ′ ″)	盘右 (° ′ ″)					

实训十　　　　实 训 报 告

日期:________　班级:________　组别:________　姓名:________　学号:________

实训题目	竖直角测量	成绩	
实训技能目标			
主要仪器及工具			
实训场地布置草图			
实训主要步骤			
实训总结			

实训十

竖直角测量记录表

仪器型号:____________　日期:____________　班级:____________　观测者:____________

工程名称:____________　天气:____________　组别:____________　记录者:____________

测　站	目　标	盘　位	竖盘读数 (°　′　″)	竖直角 (°　′　″)	指标差	平均竖直角 (°　′　″)	备　注
		左					竖盘注记形式
		右					
		左					
		右					
		左					
		右					

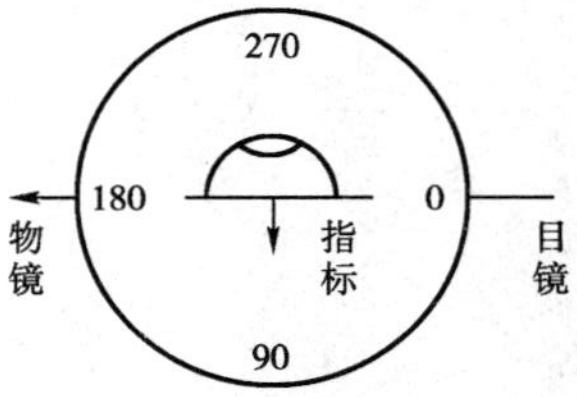

盘左

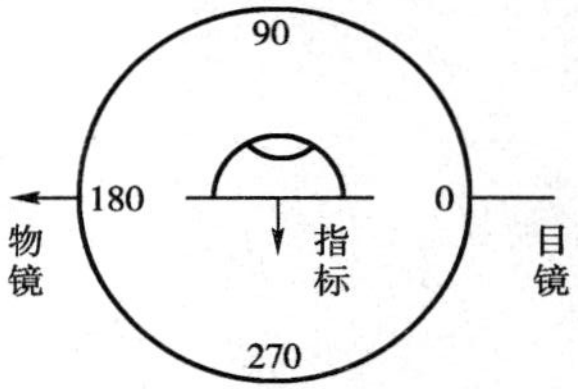

盘右

实训十一　　实 训 报 告

日期:________　　班级:________　　组别:________　　姓名:________　　学号:________

实训题目	DJ_6 级光学经纬仪的检验与校正	成　绩	
实训技能目标			
主要仪器及工具			

1. 一般性检验结果是:三脚架________________,水平制动与微动螺旋________________,望远镜制动与微动螺旋________________,照准部转动________________,望远镜转动________________,望远镜成像________________,脚螺旋________________。
2. 经纬仪的主要轴线有____,它们之间正确的几何关系是____。

3. 水准管轴的检验	水准管平行一对脚螺旋时气泡位置图	照准部旋转 180°后气泡位置图	照准部旋转 180°后气泡应有的正确位置图	是否需要校正
4. 十字丝纵丝的检验	检验初时望远镜视场图	检验终了望远镜视场图	正确的望远镜视场图	是否需要校正

<table>
<tr><td rowspan="12">5. 视准轴的检验</td><td rowspan="7">①盘左盘右读数法</td><td>仪器安置点</td><td>目　标</td><td>盘　位</td><td>水平度盘读数</td><td>平均读数</td></tr>
<tr><td rowspan="4">A</td><td rowspan="4">G</td><td rowspan="2">左</td><td></td><td rowspan="4"></td></tr>
<tr><td></td></tr>
<tr><td rowspan="2">右</td><td></td></tr>
<tr><td></td></tr>
<tr><td rowspan="2">检　验</td><td colspan="3">计算 $2c=$ 左 －（右 ±180°）</td><td></td></tr>
<tr><td colspan="3">是否需要校正</td><td></td></tr>
<tr><td rowspan="5">②横尺法</td><td>仪器安置点</td><td colspan="2">横尺读数</td><td>读数差（右－左）</td><td>仪器到横尺距离</td></tr>
<tr><td rowspan="2">A</td><td>盘左</td><td></td><td rowspan="2"></td><td rowspan="2">20.6265m</td></tr>
<tr><td>盘右</td><td></td></tr>
<tr><td rowspan="2">检　验</td><td colspan="3">计算 $c''=\frac{B_1B_2}{4\cdot S}\rho''$</td><td></td></tr>
<tr><td colspan="3">是否需要校正</td><td></td></tr>
<tr><td rowspan="7">6. 横轴的检验</td><td colspan="2">仪器安置点</td><td>目　标</td><td>盘　位</td><td>水平度盘读数</td><td>平均读数</td></tr>
<tr><td colspan="2" rowspan="4">A（竖角大于30°）</td><td rowspan="4">M</td><td rowspan="2">左</td><td></td><td rowspan="2"></td></tr>
<tr><td></td></tr>
<tr><td rowspan="2">右</td><td></td><td rowspan="2"></td></tr>
<tr><td></td></tr>
<tr><td colspan="2" rowspan="2">检　验</td><td colspan="3">计算 $i=$ 左 －（右 ±180°）</td><td></td></tr>
<tr><td colspan="3">是否需要校正</td><td></td></tr>
</table>

<table>
<tr><td rowspan="5">7. 竖盘指标差检验</td><td>仪器安置点</td><td>目　标</td><td>盘　位</td><td>竖盘读数</td><td>竖 直 角</td></tr>
<tr><td rowspan="2">A</td><td rowspan="2">G</td><td>左</td><td></td><td></td></tr>
<tr><td>右</td><td></td><td></td></tr>
<tr><td rowspan="2">检　验</td><td colspan="3">计算指标差</td><td></td></tr>
<tr><td colspan="3">是否需要校正</td><td></td></tr>
<tr><td rowspan="6">8. 校正方法简述</td><td colspan="2">水准管轴</td><td colspan="3"></td></tr>
<tr><td colspan="2">十字丝纵丝</td><td colspan="3"></td></tr>
<tr><td rowspan="2">视准轴</td><td>盘左盘右法</td><td colspan="3"></td></tr>
<tr><td>横尺法</td><td colspan="3"></td></tr>
<tr><td colspan="2">横轴</td><td colspan="3"></td></tr>
<tr><td colspan="2">指标差</td><td colspan="3"></td></tr>
<tr><td>9. 实训总结</td><td colspan="5"></td></tr>
</table>

实训十二　　　　　　　　**实 训 报 告**

日期:________　　班级:________　　组别:________　　姓名:________　　学号:________

实训题目	**钢尺一般量距与罗盘仪定向**	成绩	
实训技能目标			
主要仪器及工具			
实训场地布置草图			
实训主要步骤			
实训总结			

实训十二

距离丈量记录表

工程名称：______　　日期：______　　温度：______　　量距者：______

钢尺型号：______　　天气：______　　气压：______　　记录者：______

测线	方向	整尺段	零尺段	总计	较差	精度	平均值	备注

实训十三

实 训 报 告

日期:________　班级:________　组别:________　姓名:________　学号:________

实训题目	**大平板仪的认识与测图**	成绩	
实训技能目标			
主要仪器及工具			
实训场地布置草图			
实训主要步骤			
实训总结			

实训十三　　碎部测量记录表(用便利高法)

作业日期:______年____月____日　　小组:______　　观测者:______　　记录者:______

测站____________________　　指标差____________________　　仪器高 i =________________ m

核定测板方向____________　　磁偏角____________________　　测站高程 H_0 =______________ m

检查方向________________　　视线高程 H_k =____________ m

点号	视距(m)	竖直角±(° ′ ″)	水平距离(m)	高差±(m)	中丝照准高度	高程(m)	备注

实训十四　　　　　　# 实 训 报 告

日期:________　　班级:________　　组别:________　　姓名:________　　学号:________

实训题目	经纬仪测绘法测图	成绩	
实训技能目标			
主要仪器及工具			
实训场地布置草图			
实训主要步骤			
实训总结			

实训十四

地形测量记录表 （用高差法）

测站：________ 后视点：________ 仪器高 i = ________ 指标差 X = ________ 测站高程 H = ________

点号	尺间隔 n	中丝读数 V	竖盘读数 (° ′ ″)	竖直角 (° ′ ″)	初算高差 $\pm h'$ (m)	$\Delta = i - V$	改正后高差 $\pm h$ (m)	水平角 (° ′ ″)	水平距离 (m)	高程 (m)	备注

实训十五　　　　实 训 报 告

日期：________　班级：________　组别：________　姓名：________　学号：________

实训题目	小平板仪与经纬仪联合测图	成绩	
实训技能目标			
主要仪器及工具			
实训场地布置草图			
实训主要步骤			
实训总结			

实训十六 # 实 训 报 告

日期:________ 班级:________ 组别:________ 姓名:________ 学号:________

<table>
<tr><td colspan="3">实训题目</td><td colspan="3">**圆曲线主点测设**</td><td>成　绩</td><td></td></tr>
<tr><td colspan="3">实训技能目标</td><td colspan="5"></td></tr>
<tr><td colspan="3">主要仪器及工具</td><td colspan="5"></td></tr>
<tr><td colspan="2">交点号</td><td colspan="2"></td><td>交点桩号</td><td colspan="3"></td></tr>
<tr><td rowspan="5">转角观测结果</td><td>盘位</td><td>目　标</td><td>水平度盘读数</td><td>半测回右角值</td><td>右　角</td><td colspan="2">转　角</td></tr>
<tr><td rowspan="2">盘左</td><td></td><td></td><td rowspan="2"></td><td rowspan="4"></td><td colspan="2" rowspan="4">α_y =
或
α_z =</td></tr>
<tr><td></td><td></td></tr>
<tr><td rowspan="2">盘右</td><td></td><td></td><td rowspan="2"></td></tr>
<tr><td></td><td></td></tr>
<tr><td>曲线元素</td><td colspan="7">R(半径) =　　T(切线长) =　　E(外距) =
α(转角) =　　L(曲线长) =　　D(超距) =</td></tr>
<tr><td>主点桩号</td><td colspan="7">ZY 桩号:　　QZ 桩号:　　YZ 桩号:</td></tr>
<tr><td rowspan="2">主点测设方法</td><td colspan="3">测　设　草　图</td><td colspan="4">测　设　方　法</td></tr>
<tr><td colspan="3"></td><td colspan="4"></td></tr>
<tr><td>实训总结</td><td colspan="7"></td></tr>
</table>

实训十七　　实训报告与记录表

日期:________　班级:________　组别:________　姓名:________　学号:________

实训题目	切线支距法详细测设圆曲线	成绩	
实训技能目标			
主要仪器及工具			
交点号		交点桩号	

转角观测结果	盘位	目标	水平度盘读数	半测回右角值	右角	转角
	盘左					α_y = 或 α_z =
	盘右					

曲线元素			
	R(半径)=	T(切线长)=	E(外距)=
	α(转角)=	L(曲线长)=	D(超距)=
主点桩号	ZY 桩号:	QZ 桩号:	YZ 桩号:

各中桩的测设数据	桩号	曲线长	x	y	备注

各中桩的测设数据	桩号	曲线长	x	y	备注

测设方法	测 设 草 图	测 设 方 法

实训总结	

实训十八　　实训报告与记录表

日期:________　班级:________　组别:________　姓名:________　学号:________

实训题目	偏角法详细测设圆曲线	成　绩	
实训技能目标			
主要仪器及工具			
交 点 号		交 点 桩 号	

转角观测结果	盘 位	目　标	水平度盘读数	半测回右角值	右　角	转　角
	盘 左					α_y = 或 α_z =
	盘 右					

曲线元素	R(半径) = α(转角) =	T(切线长) = L(曲线长) =	E(外距) = D(超距) =
主点桩号	ZY 桩号:	QZ 桩号:	YZ 桩号:

各中桩的测设数据	桩　号	曲线长	偏　角	水平度盘读数	弦　长	备　注

	桩　号	曲线长	偏　角	水平度盘读数	弦　长	备　注
各中桩的测设数据						

	测　设　草　图	测　设　方　法
测设方法		

实训总结	

实训十九　　实训报告与记录表

日期:________　班级:________　组别:________　姓名:________　学号:________

实训题目	用切线支距法测设带有缓和曲线段的平曲线	成　绩	
实训技能目标			
主要仪器及工具			

交点号		交点桩号	

转角观测结果	盘位	目　标	水平度盘读数	半测回右角值	右　角	转　角
	盘 左					
	盘 右					

曲线元素

$R=$	$L_s=$	$X_h=$	$Y_h=$	$\beta=$
$p=$	$q=$	$t_d=$	$C_h=$	$\Delta_h=$
$T_h=$	$L_h=$	$L=$	$E_h=$	$D_h=$

主点桩号

ZH 桩号:　　　　HY 桩号:

QZ 桩号:

YH 桩号:　　　　HZ 桩号:

各中桩的测设数据	测　段	桩　号	曲线长	x	y	备　注
	ZH ~ HY					
	HY ~ QZ					

<table>
<tr><td rowspan="13">各中桩的测设数据</td><td>测　段</td><td>桩　号</td><td>曲线长</td><td>x</td><td>y</td><td>备　　注</td></tr>
<tr><td rowspan="6">ZH ~ HY</td><td></td><td></td><td></td><td></td><td rowspan="6"></td></tr>
<tr><td></td><td></td><td></td><td></td></tr>
<tr><td></td><td></td><td></td><td></td></tr>
<tr><td></td><td></td><td></td><td></td></tr>
<tr><td></td><td></td><td></td><td></td></tr>
<tr><td></td><td></td><td></td><td></td></tr>
<tr><td rowspan="6">HY ~ QZ</td><td></td><td></td><td></td><td></td><td rowspan="6"></td></tr>
<tr><td></td><td></td><td></td><td></td></tr>
<tr><td></td><td></td><td></td><td></td></tr>
<tr><td></td><td></td><td></td><td></td></tr>
<tr><td></td><td></td><td></td><td></td></tr>
<tr><td></td><td></td><td></td><td></td></tr>
<tr><td>实训场地布置草图</td><td colspan="6"></td></tr>
<tr><td>实训总结</td><td colspan="6"></td></tr>
</table>

实训二十　　实训报告与记录表

日期:________　班级:________　组别:________　姓名:________　学号:________

实训题目	用偏角法测设带有缓和曲线段的平曲线	成　绩	
实训技能目标			
主要仪器及工具			

交 点 号		交 点 桩 号	

转角观测结果	盘 位	目　标	水平度盘读数	半测回右角值	右　角	转　角
	盘 左					
	盘 右					

曲线元素

$R=$　　$L_s=$　　$X_h=$　　$Y_h=$　　$\beta=$

$p=$　　$q=$　　$t_d=$　　$C_h=$　　$\Delta_h=$

$T_h=$　　$L_h=$　　$L=$　　$E_h=$　　$D_h=$

主点桩号

ZH 桩号:　　　　HY 桩号:

QZ 桩号:

YH 桩号:　　　　HZ 桩号:

各中桩的测设数据

测　段	桩　号	曲线长	偏　角	水平度盘读数	弦　长	备　注
ZH ~ HY						测站点:ZH 起始方向: ZH→JD 起始方向的水平度盘读数: 00°00′00″
HZ ~ YH						测站点:HZ 起始方向: HZ→JD 起始方向的水平度盘读数: 00°00′00″

	测段	桩号	曲线长	偏角	水平度盘读数	弦长	备注
各中桩的测设数据	HY ~ YH						测站点:HY 起始方向: HY→ZH 起始方向的水平度盘读数:
实训场地布置草图							
实训总结							

实训二十一　　　　实 训 报 告

日期:________　班级:________　组别:________　姓名:________　学号:________

实训题目	中平测量	成绩	
实训技能目标			
主要仪器及工具			
实训场地布置草图			
实训主要步骤			
实训总结			

实训二十一　　中平测量记录表

日期:________　班级:________　组别:________　姓名:________　学号:________

测点	水准尺读数(m)			视线高程(m)	高程(m)	备注
	后视	中视	前视			
Σ						
校核	$h_{中}=\sum a-\sum b=$ $\Delta_{容}=\pm 50\sqrt{L}\text{mm}$			$h_{基}=H_{BM_2}-H_{BM_1}=$ $\Delta=h_{中}-h_{基}=$		

实训二十二　　实 训 报 告

日期:________　班级:________　组别:________　姓名:________　学号:________

实训题目	**全站仪的认识与使用**	成绩	
实训技能目标			
主要仪器及工具			

1. 在下图引出的标线上标明该部件的名称。

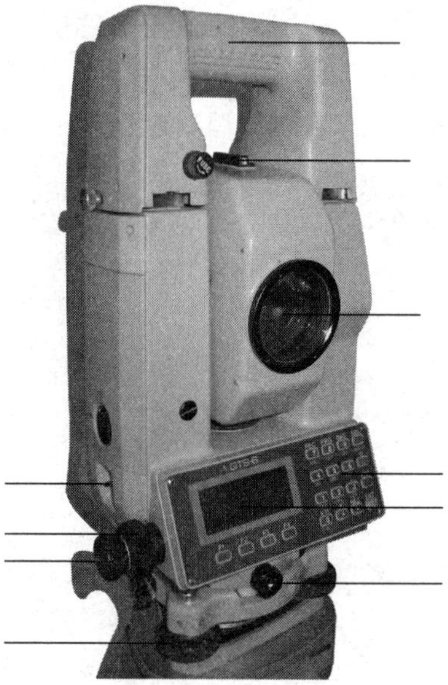

2. 全站仪电池的充电时间一般不能超过__________ h。
3. 气温 $T=15°C$,气压 $P=760mmHg$ 时,气象修正比例系数应为__________ ppm。
4. 当____________________时,说明电池电压已不能满足测量需要。
5. 电池应在常温下保存,长期不用时应每隔__________充电一次。

实训总结	

实训二十三　　实训报告

日期:________　班级:________　组别:________　姓名:________　学号:________

实训题目	用全站仪(极坐标法)测设公路平曲线	成　绩	
实训技能目标			
主要仪器及工具			
交点号		交点桩号	

转角观测结果	盘位	目　标	水平度盘读数	半测回右角值	右　角	转　角
	盘左					
	盘右					

曲线元素：

$R =$　　$L_s =$　　$X_h =$　　$Y_h =$　　$\beta =$

$p =$　　$q =$　　$t_d =$　　$C_h =$　　$\Delta_h =$

$T_h =$　　$L_h =$　　$L =$　　$E_h =$　　$D_h =$

主点桩号：

ZH 桩号:　　　　HY 桩号:

QZ 桩号:

YH 桩号:　　　　HZ 桩号:

各中桩的测设数据：

桩　号	水平度盘读数	至测站点的距离	备　注
			测站点位置:
			起始方向:
			起始方向的水平度盘读数:

<table>
<tr><td rowspan="13">各中桩的测设数据</td><td>桩　　号</td><td>水平度盘读数</td><td>至测站点的距离</td><td>备　　注</td></tr>
<tr><td></td><td></td><td></td><td rowspan="12">测站点位置：

起始方向：

起始方向的水平度盘读数：</td></tr>
<tr><td></td><td></td><td></td></tr>
<tr><td></td><td></td><td></td></tr>
<tr><td></td><td></td><td></td></tr>
<tr><td></td><td></td><td></td></tr>
<tr><td></td><td></td><td></td></tr>
<tr><td></td><td></td><td></td></tr>
<tr><td></td><td></td><td></td></tr>
<tr><td></td><td></td><td></td></tr>
<tr><td></td><td></td><td></td></tr>
<tr><td></td><td></td><td></td></tr>
<tr><td></td><td></td><td></td></tr>
<tr><td>实训场地布置草图</td><td colspan="4"></td></tr>
<tr><td>实训总结</td><td colspan="4"></td></tr>
</table>

实训二十四 # 实 训 报 告

日期:________ 班级:________ 组别:________ 姓名:________ 学号:________

实训题目	点位及坡度线的测设	成绩	
实训技能目标			
主要仪器及工具			
实训场地布置草图			
实训主要步骤			
实训总结			

实训二十四　　1. 点的平面位置测设记录表

日期:__________ 班组:__________ 观测者:__________ 记录者:__________

点名	坐标值		坐标差		坐标方位角	线名	应测设的水平角	应测设的水平距离	测设略图
	x (m)	y (m)	Δx (m)	Δy (m)	(° ′ ″)		(° ′ ″)	(m)	

2. 点的高程测设记录表

测站	已知水准点		后视读数	视线高程 (m)	待测高程点		前视尺应有读数	填挖数 (m)	检测	
	点号	高程 (m)			点号	设计高程 (m)			实际读数	误差 (m)

3. 坡度线测设记录表

日期:____________ 班组:____________ 观测者:____________ 记录者:____________

线 名		坡 度		测 站		起点高程	
全 长		间隔 d		后视读数		终点高程	

桩 号	累计间隔（m）	设计高程（m）	水 准 尺 应有读数	水 准 尺 实际读数	填挖深度（m）	备 注

第二部分

工程测量教学实训报告与记录计算表格式

（1）工程测量教学实训的记录表格式应根据实训内容和方法，取用工程测量课间实训中相应的记录表格式即可。

（2）工程测量教学实训报告格式应根据不同的实训阶段和内容，取用《工程测量实训指导书》中的表3-19、表3-23、表3-24和表3-25。

（3）工程测量教学实训成果计算表格式见表1～表5。

按测站数调整高差闭合差及高程计算表 表1

测段编号	测点	测站数（个）	实测高差（m）	改正数（m）	改正后的高差（m）	高程（m）

按路线长度调整高差闭合差及高程计算表

表 2

测段编号	测点	测段长（km）	实测高差（m）	改正数（m）	改正后的高差（m）	高程（m）

导线控制点的标记图表 表3

草　　图	导　线　点	相关位置	

表 4

地形碎部点测量记录表

点号	视距 (km)	中丝读数	竖盘读数	竖直角 $\pm\alpha$	初算高差 $\pm h'$(m)	$\Delta = i - v$ (m)	高差 $+h$(m)	水平角 β	水平距离 (m)	高程 (m)	点号	备注

表5

导线坐标计算表

计算者：__________　　检查者：__________

点名或点号	观测角$\beta_{左}$(° ′ ″)	改正数V_{β}(″)	改正后角值$\beta_{左}$(° ′ ″)	方位角α(° ′ ″)	边长D(m)	纵坐标增量ΔX(m)			纵坐标X(m)	横坐标增量ΔY(m)			横坐标Y(m)
						计算值(m)	改正数(mm)	改正后值(m)		计算值(m)	改正数(mm)	改正后值(m)	

角度闭合差及改正数的计算		坐标增量闭合差的计算		导线相对闭合差的计算		草图	